相対性理論
常識への挑戦

Russell Stannard 著

新田 英雄 訳

SCIENCE PALETTE

丸善出版

Relativity

A Very Short Introduction

by

Russell Stannard

Copyright © Russell Stannard 2008

All rights reserved. No part of this book may be reproduced or transmitted in any form or by any means, electronic or mechanical, including photocopying, recording or by any information storage retrieval system, without the prior written permission of the copyright owner.

"Relativity: A Very Short Introduction" was originally published in English in 2008. This translation is published by arrangement with Oxford University Press.
Japanese Copyright © 2013 by Maruzen Publishing Co., Ltd.
本書は Oxford University Press の正式翻訳許可を得たものである．

Printed in Japan

原書まえがき

 私たちは成長するにつれて,空間,時間,物質に対する基本的な考え方を身につけていく.たとえば,次のようなものである.

- 私たちはみな同じ3次元空間に暮らしている.
- 時間はすべての人に平等に流れている.
- 2つの出来事は,同時に起きるか,同時に起きないかのどちらかである.
- 十分大きな力が加われば,運動する速さに上限はない.
- 物質は無から生まれることはなく,消えてなくなることもない.
- 三角形の内角の和は180°である.
- 円周の長さは,$2\pi \times $半径,である.
- 真空中では,光はつねに直進する.

 これらは常識といってよい.

しかし，注意しよう．

　「常識とは，18歳までに身につけた偏見のコレクションである」

　　　　　　　　　　　　　　　アルベルト・アインシュタイン

　実際，アインシュタインの相対性理論は，上にあげた「常識」すべてに疑問を投げかけ，これらが成り立たなくなる状況が存在することを明らかにした．そういった発見と同じくらい驚くべきことかもしれないが，アインシュタインの考えをたどることはじつは難しくないのである．本書では，日常的に経験する事実から出発し，いくつかの実験結果と組み合わせることによって，アインシュタインの結論に論理的にたどりつけることを示すつもりである．ところどころにちょっとした数式を用いるが，それらはせいぜい平方根やピタゴラスの定理くらいのものである．本書よりも詳しい数学的取り扱いに興味のある読者は，巻末の参考文献をご覧いただきたい．

　相対性理論は2つの部分に分けられる．1905年に築かれた特殊相対性理論と，1916年に発表された一般相対性理論である．前者は一様な運動（すなわち一定速度の運動）が時間と空間に及ぼす影響をあつかう．後者はさらに加速度や重力の影響をとり入れている．前者はすべてを包括する理論のまさに「特殊」な場合である．この特殊な場合から始めることにしよう．

目 次

1 特殊相対性理論　1
　相対性原理と光の速さ　1
　時間の遅れ　7
　双子のパラドックス　13
　長さの収縮　18
　同時性の破れ　22
　時 空 図　26
　4次元時空　32
　究極の速さ　43
　$E = mc^2$　47

2 一般相対性理論　57
　等価原理　57
　加速度と重力が時間に与える影響　65
　双子のパラドックス再考　74
　光の湾曲　80
　曲がった空間　86
　ブラックホール　103

重力波　124
宇　宙　129

参考文献　145
訳者あとがき　149
索　引　151

第1部
特殊相対性理論

相対性原理と光の速さ

　次の情景を想像してみてほしい．あなたはいま，駅で出発を待つ電車の中にいる．窓の外には，自分が乗る電車と並んで止まっている別の電車が見える．発車のベルが鳴り，ついに出発となる．隣の電車がなめらかに後方へと去っていく．その最後の車両が視界から消え，置き去られた駅が遠くに去っていく……．ところが，遠ざかったはずの駅が，同じ場所に留まっているではないか．あなたが電車の中で動かずに座ったままでいるのとまったく同様に．あなたは自分が少しも進んでいなかったことに気づき始める．そう，動き去ったのは，隣の電車のほうだったのである．

　わかってしまえば単純なことで，似たような錯覚をした経験は誰にでもあるだろう．じつは，自分が本当に動いている

のかどうかは，少なくとも一直線上を一定の速さで動いているときには，わからないのである．普通は，たとえばクルマで出かけているときなど，自分が動いているかどうかはもちろんわかるものである．たとえ目を閉じていたとしても，クルマがカーブを曲がったり，でこぼこを乗り越えたり，急な加減速をしたりするのは，体が押しつけられる感覚からわかる．しかし，安定して飛んでいる飛行機の中だと，エンジン音やわずかな振動を除けば，自分が動いていると判断することは難しい．飛んでいる飛行機の中での出来事は，地面に静止しているときの飛行機の中とまったく同じである．この場合，飛行機は**慣性系**であるという．慣性系では，ニュートンの慣性の法則が成り立つ．すなわち，この基準系から見ると，つり合っていない力が加わらないかぎり，物体は速さも向きも変えない．目の前にあるテーブルに置かれたコップの中の水は，あなたが手でコップを動かすまで静止したままなのだ．

しかし，あなたはこう考えるかもしれない．飛行機の窓から下を眺めれば，通り過ぎていく地面が見え，その光景は飛行機が動いていることを告げているのではないか？ そうでもない．そもそも地球は止まってなどいず，太陽のまわりを回転している．そして，太陽自身も銀河系の中心に対して回っている．さらには，銀河系はほかの銀河とともに形成している銀河団の中を動いているのである．私たちが言えることは，これらはすべて**相対的**な運動であるということだけだ．飛行機は地球に対して相対的に運動しているし，地球は飛行機に対して相対的に運動している．誰が**本当**に静止している

かを決める方法はないのである．ほかの静止している人に対して一定の速度で運動している人は誰でも，「自分が静止していて，相手のほうが運動しているのだ」と主張する権利がある．なぜなら，万物を支配する自然界の法則は，一定速度の運動をしているすべての人，すなわち，慣性系にいるすべての人にとって同一だからである．これが**相対性原理**である．

　じつは，この原理を発見したのはアインシュタインではない．ガリレオまでさかのぼる．そうだとしたら，なぜ「相対論」という言葉が，アインシュタインの名前を冠するようになったのだろう？

　自然法則のなかでアインシュタインが注目したのは，マクスウェルの電磁気の法則であった．マクスウェルによると，光は電磁波の一種である．それならば，電気と磁気の力の強さに関する知見をもとにして，真空中の光の速さ c を計算することができることになる．もっとも，光がある速さをもつという事実自体があたり前のことではない．暗室の中で電気のスイッチを入れたときに，天井，壁，床などからの反射光も含め，すべてのところから光が届くのは一瞬のことではないか．だが，じつはそうではない．離れたところにある電球から出た光は，届くまでに時間がかかっているのである．ただし，その遅れは人間の眼ではとても認識できないような，ほんのわずかな時間にすぎない．電磁気の法則によると，真空中の光の速さ c は秒速 299 792 458 km である（空気中ではわずかに異なる）．この値は実験で観測された値とも完全に一致している．

ところで，光源が動いているとしたらどうなるだろう．光は，戦艦から打ち出された砲弾と同じようにふるまうだろうか．この様子を海岸にいる人が観測するとしよう．船の前方に砲弾が打ち出された場合，海岸の人から見た砲弾の速さは，大砲から打ち出されたときの速さに戦艦の速さを加えた値となる．逆に，後方に打ち出された場合は大砲から打ち出されたときの速さから戦艦の速さを引いた値となるだろう．

　光源が動いているときの光の速さの問題については，1946年にジュネーヴにあるCERN(セルン)（欧州原子核研究機構）で，中性パイ中間子という，原子よりも小さな粒子を使って調べられた．実験は，$0.99975c$ の速さで進むパイ中間子が崩壊して2つの光のパルス[*1]を放出するというものであった．放出された光のパルスの速さは，両方とも測定誤差0.1%以内で普通の光の速さ c であることが確認された．すなわち，光の速さは光源の速さに無関係なのである．

　光の速さは，観測者が動いているか否かにも無関係である．再び，動いている船を考えよう．すでに，光のふるまいは戦艦から打ち出された砲弾のようなものではないことを確認した．そこで今度は，光が水面に生じた波紋のようにふるまうと仮定しよう．この場合，動いているボートに乗っている人を観測者とすると，ボート，つまり観測者自身が水に対して運動しているため，ボートの前方に広がっていく波面のほうが後方に広がっていく波面よりもゆっくり進んでいるよ

（*訳注1）針のように急激に立ち上がり持続時間がきわめて短い波のこと．

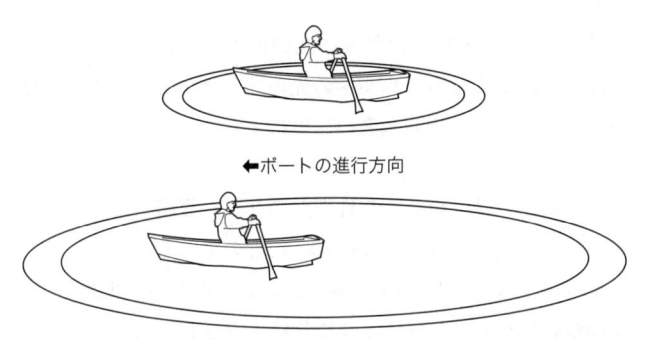

図 1 ボートのつくる波紋をボートに乗った人から観測すると，波紋の前方のほうが後方よりもゆっくりと広がっていくように見える．

うに観測されるだろう（図 1）．そこで，全空間を満たした媒質[*2]（光の場合，エーテルとよばれる）があると仮定し，その媒質中を進む波が光だとする．このとき，地球はエーテルをかき分けながら進んでいることになり，地球とともに運動している私たちが観測する光の相対的な速さは，向きによってさまざまに異なった値で観測されるはずである．しかし，1887 年に行われたマイケルソン-モーレーの有名な実験によって，光の速さはすべての方向で同一であることが判明した．すなわち，光の速さは光源や観測者が運動しているか否かに無関係なのである．

要するに，次のことがわかった．
(i) 相対性原理：自然界の法則はすべての慣性系で同一で

(*訳注 2) 媒質とは，水波のときの水のような，波を伝える役割をするもののことである．

ある.

（ii）電磁気学という自然界の法則の1つから，真空中の光の速さの値が求まる．真空中の光の速さはすべての慣性系で同一であり，光源や観測者の速度によらない．

　これら2つは，特殊相対性理論の2つの**要請**（または基本原理）として知られるようになったものである．

　じつは，これら2つの1つひとつは，すでに物理学者によく知られていた．1つひとつに分けてみるとこれら2つの内容はもっともなものだが，両立させようとすると不合理になる．前者が正しいとすると，後者が誤りということになるし，後者が正しいとするならば，前者が誤りということになってしまうようにみえる．もし両方とも正しいとするならば，きわめて深刻な問題が生じることになる．しかし，両方とも正しいことは，これまでに確かめてきたではないか．ここにアインシュタインの天才が必要となったのである．

　光の速さが光源や観測者の運動と関係なく，すべての慣性系で同一であるということは，いままでの速度の足し算・引き算の方法が誤りであることを意味する．そして，もし私たちの速度の概念（距離を時間で割ったもの）のどこかに誤りがあるならば，それは結果的に，空間か時間，またはその両方に関する私たちの概念のどこかに誤りがあることを意味する．私たちがあつかっているのは，光または電磁波の特殊な性質ではない．光と同じ速さで進むものなら**何でも**，すべての慣性系で同一の速さをもつのである．重要なのは速さ，そして速さを定めている空間と時間であって，光それ自体では

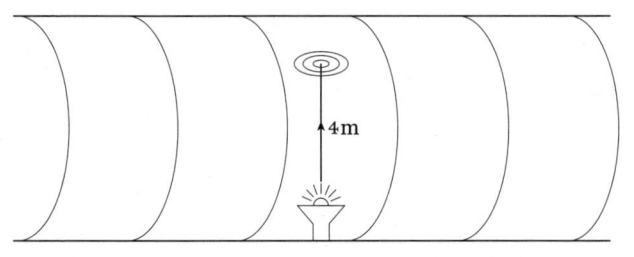

図2 宇宙飛行士は光のパルスがロケットの運動方向と垂直に進むように光源と標的を設置する.

ない.

時間の遅れ

前節で述べた「深刻な問題」についてさらに考えるために,高速で進むロケットに乗った宇宙飛行士と,地上にいる管制官を想像しよう[*3]. 2人はまったく同じ時計をもっている. ロケットの中で,宇宙飛行士は簡単な実験を行うとする. 実験装置として,光のパルスを放射する光源がロケットの床に固定されている. パルスはロケットの進行方向に対して垂直上方に向かって直進し,天井に固定された標的の真ん中に命中するようになっている(図2). ロケットの高さを4mとしよう. 光は速さcで進むので,宇宙飛行士の時計で測

(*訳注3)原文で,宇宙飛行士がshe(彼女),管制官がhe(彼)となっているのは代名詞上の区別であって性別を表す意図はないと思われるが,訳の便宜上,以下「彼女」は宇宙飛行士を,「彼」は管制官を表すことにする.

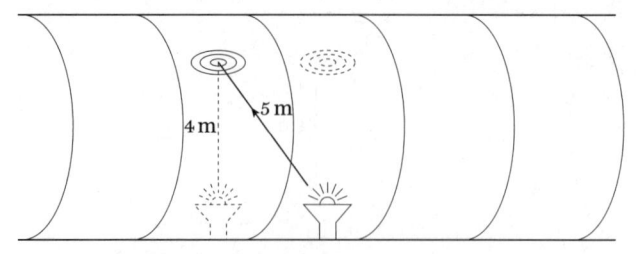

図3 頭上を通過するロケットを見ている地上の管制官によると、光のパルスが進んでいる間に標的は前方に進んでいる。したがって、パルスは斜めの軌道を進んだことになる。

定したパルスが標的に当たるまでの時間を t' とすると、$t' = 4/c$ となる。

今度は、管制官からこの実験がどう見えるのかを考えよう。ロケットが彼の頭上を通過するときに、ロケットの中で光のパルスが光源から標的に進む様子を彼も観測できるとする。管制官から見ると、パルスが標的に達するまでの間に、標的はパルスが放射された場所よりも前方に進んでいる。彼にとって、光のパルスの軌道は垂直ではなく斜めである（図3）。この斜めの軌道は宇宙飛行士から見た軌道よりも明らかに長い。光のパルスが光源から標的までの4 mを進む間に、ロケットは3 m進んだとしよう。管制官から見た場合には、パルスが光源を出てから標的に命中するまでに、ピタゴラスの定理と $3^2 + 4^2 = 5^2$ から、光は5 m進んだこととなる。

では、管制官にとって、パルスが移動するのにかかった時間はどれだけだろうか。それは明らかに、移動した距離5 mを彼から見た光の速さで割ったものである。管制官にとって

の光の速さが宇宙飛行士にとっての光の速さと同じ c であることは確立された事実だから,管制官の時計で測定されるパルスの移動時間 t は,$t = 5/c$ となる.

しかし,これは宇宙飛行士が測定した時間とは違っている.彼女の測った時間は $t' = 4/c$ だった.したがって,パルスが進むのにどれだけ時間がかかったかについて,宇宙飛行士と管制官とで意見が分かれることになる.管制官によると,宇宙飛行士の時計で測った時間の値は小さすぎる.宇宙飛行士の時計は管制官の時計よりもゆっくり進んでいるのである.

ゆっくり進むのは時計だけではない.ロケット内で生じているすべてのことが同じ割合で遅くなっている.もしそうでなかったら,宇宙飛行士は,彼女の心臓の鼓動や,お湯を沸かすのにかかる時間などと比べて,自分の時計がゆっくり進んでいることに気づくだろう.そして,その結果,ロケットの運動が時計のメカニズムに何らかの影響を与えていると推論することができるに違いない.

しかし,このことは相対性原理から許されない.一定速度のあらゆる運動は相対的なのである.宇宙飛行士の生命活動は,管制官の生命活動とまったく同等に進行していかねばならない.したがって,次のような結論が得られる.ロケットの中で生じているすべての出来事,時計や電子回路の動作,宇宙飛行士の思考過程や老化……,すべては同一の割合でゆっくりと進んでいる.宇宙飛行士がゆっくりと動作する脳で自分の時計を観測するとき,おかしなことは何も生じていな

い．実際，彼女の立場に関するかぎり，ロケット内のすべてのものごとは調子を合わせていて普段通りである．管制官にとってのみ，ロケット内のすべてがゆっくり動いているのである．これが，**時間の遅れ**である．宇宙飛行士と管制官は別々の，異なった時間の中にいるのだ．

上の例では，管制官から見て，光源から標的までの 5 m を光が進む間に宇宙飛行士とロケットは 3 m 進むという特別な場合を考えていた．言い換えると，ロケットは $(3/5)c$, つまり $0.6\,c$ の速さで進んでいた．そして，この特定の速さのとき，宇宙飛行士の時間は 4/5，つまり 0.8 倍の割合で遅くなることがわかった．じつは，一般の速さ v に対する公式も簡単に導ける．図 4 のような辺の長さの三角形 ABC に，ピタゴラスの定理を当てはめると，

$$AC^2 = AB^2 + BC^2$$

つまり

$$AB^2 = AC^2 - BC^2$$

となる．この式に $AB = ct'$, $AC = ct$, $BC = vt$ を代入すると

$$c^2 t'^2 = (c^2 - v^2) t^2$$

となる．両辺を c^2 で割ると

$$t'^2 = (1 - v^2/c^2) t^2$$

したがって

$$t' = t\sqrt{1 - v^2/c^2} \tag{1}$$

を得る．

この公式から，v が c に比べて小さい場合，平方根の中身

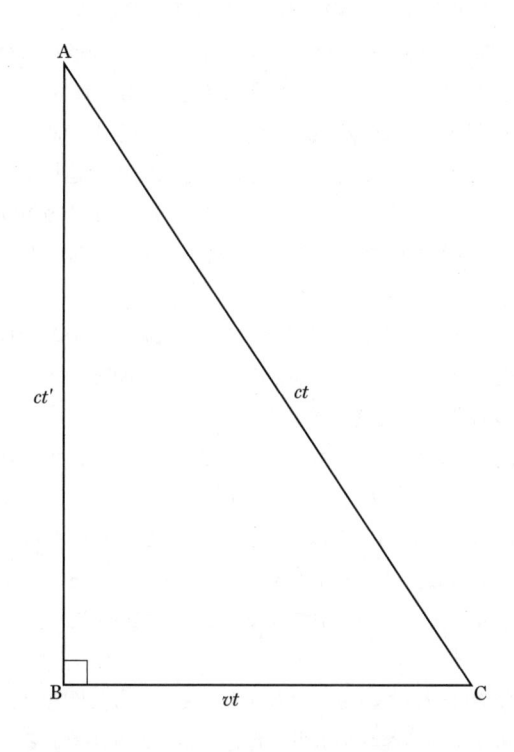

図4 管制官から見ると，BC は光のパルスが標的にたどり着くまでの時間にロケットが進んだ距離であり，AC はパルスが進んだ距離である．AB は宇宙飛行士から見たときのパルスの進んだ距離を表す．

第1部 特殊相対性理論

は1に近くなり，$t' \approx t$ となることがわかる．もっとも，v がどんなに小さくても，時間の遅れがなくなるわけではない．このことは，厳密にいうならば，旅をしたときはいつでも（たとえばバス旅行でバスから降り立ったときに），自分の腕時計を静止している時計に合わせ直さなければならないことを意味する．そうしなくてもよい理由は，v が小さいときの時間の遅れの効果がきわめて小さいからである．たとえば，いつも座って仕事をする人と急行電車の運転手との時間が定年までにどれだけずれるかというと，1秒の100万分の1にも満たないのである．まったくもって，気にかけるに値しないのがわかるだろう．

逆に v が c に近づく極限では，公式の平方根の中身はゼロに近づき，t' もゼロになっていく．言い換えると，宇宙飛行士の時間は実質的に停止してしまうことになる．このことは，光の速さに近い速さで航行できるならば，宇宙飛行士はほとんど年をとらずにずっと生きられることを意味する．悪い面は，もちろん，脳の活動もほとんど停止することである．このことは，永遠の若さを手に入れたことに宇宙飛行士が結局は気づくことができないことを意味する[*4]．

理論についての説明はもう十分であろう．問題は，この不思議な時間の遅れが本当に起きるのかどうかである．そして

（*訳注4）ここで述べられている宇宙飛行士の様子は，管制官から見たものである．管制官から見ると，宇宙飛行士だけでなくロケット内でのすべての動きがほとんど止まっているように見える．一方，宇宙飛行士にとって，ロケット内部でのすべての動きは（自分の脳の活動を含めて）まったくいつも通りである（次節も参照）．

実験によれば，実際に起きているのである．例をあげると，1977年にCERNで，原子よりも小さなミュー粒子とよばれる粒子を使って行われた実験がある．このちっぽけな粒子は不安定で，平均 2.2×10^{-6} 秒（つまり100万分の2.2秒）でさらに小さな複数の粒子に分裂する．実験では，たくさんのミュー粒子を直径14 mのリングの中を速さ $v = 0.9994\,c$ で周回させた．これらミュー粒子の平均寿命[*5]の測定値は，静止しているミュー粒子よりも29.3倍だけ長かった．この値は，私たちが導いた公式(1)から算出される値と実験精度2千分の1で一致する．

1971年には，同じく公式(1)の正しさを検証するために，飛行機を利用した実験が行われた．まったく同じ原子時計[*6]が用意され，1つは飛行機に，もう1つは地上に置かれた．再び，理論とよく一致する結果が得られた．これら以外にも莫大な数の実験が行われているが，すべて時間の遅れの公式が正しいことを裏づける結果となっている．

双子のパラドックス

前節では，一定の速度で進んでいるロケット内の時間は管制官から見ると遅れているが，その一方で，宇宙飛行士自身にとっての時間は正常であることを述べた．では，宇宙飛行

（*訳注5）ミュー粒子のような素粒子が崩壊するまでの時間を寿命という．個々の素粒子の寿命は確率的で，理論的に予言できるのは平均寿命だけである．
（*訳注6）原子の出す光の振動数を利用した，非常に正確な時計．

士から見ると管制官の時間はどうなっているのだろうか？

はじめは、「宇宙飛行士の時間が遅くなっているのなら、彼女が地上で起きていることを観察すると、そこでは時間が早く流れているように見えるはずだ」と思うかもしれない．だが、よく考えてみれば、それが正しいはずがない．もし正しいならば、どちらが実際に動いており、どちらが静止しているかをただちに判別できることになる．時間が運動の影響を受けていることから宇宙飛行士のほうが動いており、管制官は止まっていることが明らかになってしまう．しかし、このことは慣性系に対しすべての運動は相対的だという相対性原理を破っている．したがって、相対性原理からは、「管制官が宇宙飛行士の時計が自分のものより遅れていると結論するならば、宇宙飛行士も管制官の時計が自分の時計よりも遅れていると結論するはずだ」という、いささか気持ち悪い結論が導かれることになる．しかし、はたしてそんなことが可能になるのだろうか．いったい、たがいに相手より遅れる2つの時計などというものが存在するのだろうか．

この問題をあつかうときにまず注意しなければならないことは、隣り合わせの時計の読みを比べるという設定になっていないことである．宇宙に旅立つときに宇宙飛行士と管制官が一時的に並んで時計合わせをしたとしても、その後の時計の読みについてはそれができなくなる．ロケットとその中の時計は遠くへ飛び去ってしまっているからだ．宇宙飛行士の時計が何時を指しているかを管制官が知るためには、宇宙飛行士の時計から発せられた何らかの信号（おそらくは光の信

号）を受信するのを待つしかない．そうなると，管制官は，信号がロケットの新たな位置から管制室に届くまでにかかる時間を考慮しなくてはならない．この時間を信号が発射されたときのロケットの時計の読みに足すことにより，管制官はもう一方の時計の指している時間を計算でき，自分の時計の読みと比べることができる．そうしてはじめて，管制官は宇宙飛行士の時計が遅れていると結論することになる．

　しかし，これは**計算**した結果であって，時計を直接見て比べたわけではないことに注意しよう．このことは宇宙飛行士にとっても同様である．管制官の時計のほうが遅れていると彼女が結論するには，管制官の時計から出る信号にもとづいて計算するしかないのだ．

「でも，**本当に遅れるのは誰の時計だろう？**」という悩ましい疑問が，あなたの心に残ったままとなっているに違いない．しかし，この問いは，これまで述べてきた設定のままでは意味をなさないのである．答えがないのだ．管制官に関するかぎり，宇宙飛行士の時計が遅れるというのが正しい．一方，宇宙飛行士に関するかぎり，管制官の時計が遅れるというのが正しい．そして，私たちはこの状況をそのまま放置するしかない．

　しかし，実際にはこの問題が放置されることはなく，有名な**双子のパラドックス**が生まれたのである．上の話では，**計算**によって時間を求めているために矛盾して見える結論が生じてしまった．そこで，計算するのではなく，2つの時計を並べて直接比較したらどうだろう．旅のはじめと終わりで2

つの時計を比較するのである．そうすれば，あいまいさは残らないだろう．こうするためには，たとえば遠方の惑星にまで旅したロケットが方向転換して出発点まで戻ってくることにより，2つの時計を直接比べられるようにすればよい．このパラドックスのもともとの状況は，双子のうちの1人が往復の旅に出て，もう1人は留まるというものであった．旅が終わって双子が再会したときに，2人とも相手より若いということはありえない．では，双子のどちらがもう1人よりも年をとっているのだろうか？　それとも，2人とも同じ年のままなのだろうか？

　以前に触れた円軌道を周回するミュー粒子による実験は，この問題にも答えを与える．この実験では，ミュー粒子が宇宙飛行士の役割を演じている．ミュー粒子は実験装置のある場所から出発し，円を描いてもとに戻ってくる．そしてその結果，動いていたミュー粒子のほうが，実験室の1か所に留まっていたミュー粒子たちよりも「若かった」のである．つまり，この実験結果は，宇宙から帰還した宇宙飛行士と管制官がたがいの時計を比較するとき，遅れているのは宇宙飛行士の時計であることを示唆している．

　以上のことは，相対性原理が破れていて，どちらの観測者が本当に動いているのか，つまりどちらの時計が運動によって本当に遅れるのかを明らかにできることを意味するのだろうか．そうではない．なぜなら，相対性原理は慣性系にいる観測者にしか当てはまらないからである．宇宙飛行士は遠方の惑星に一定速度で向かっているときには慣性系にいる．ま

た，帰還の旅において一定速度で進んでいるときもやはり慣性系にいる．しかし，たいへん重要な違いがある．ロケットが向きを変えるときには，ロケットエンジンが点火され，テーブルの上のものは転がり落ち，宇宙飛行士はシートに押しつけられるといったことが生じる．言い換えると，ロケットが噴射して向きを変えている間，ロケットは加速していて慣性系ではないのである．つまり，ニュートンの慣性の法則は当てはまらない．すべての時間を通じて慣性系に留まっているのはただ1人，管制官なのである．管制官だけが時間の遅れの公式を，旅の全体にわたって使うことが許される．したがって，宇宙飛行士の時計が遅れると管制官が結論したならば，直接2つの時計を比べたときにはその通りになっているだろう．宇宙飛行士が加速度に耐えている間，2人の観測者の間の対称性は破れている．そして，一応，パラドックスは解決する．

とはいうものの，パラドックスの**一部**は未解決のままとなっている．宇宙飛行士は自分が慣性系にずっととどまっているという条件を破っていることを知り，したがって，自分は（管制官とは違って）機械的に時間の遅れの公式を使ってはいけないことを受け入れざるを得ない．しかしながら，それでも彼女にはわからないことが残っている．計算によると，一定速度で遠ざかっていく間は，管制官の時計は彼女の時計よりも遅れるはずである．同様に，一定速度で帰還している間も，管制官の時計は彼女の時計よりも遅れるはずである（時間の遅れの効果は運動の向きによらず，時計の運動の速

第1部　特殊相対性理論

さだけに依存する）．そうだとすると，いったいどうして管制官の時計は彼女の時計よりも**進んで**しまうのだろうか？ このことを引き起こすのは何だろうか？ 往復旅行が終わるまでに，前もって宇宙飛行士が管制官の時計の進みを計算する方法はあるのだろうか？ じつはあるのだ．しかし，双子のパラドックスを完全に解決するためには，加速度が時間に与える影響を調べる必要がある．しばらくの間，この問題はたな上げにしておくことにする．

長さの収縮

ロケットが遠方の惑星に向かっているとしよう．ロケットの速さを v，地球から惑星までの距離を s とする．それらの値がわかっているとすると，管制官は自分の時計に記録されるロケットの航行時間を $t = s/v$ から計算することができる．宇宙飛行士も同様に計算することができる．ただし，すでに指摘したように，時間の遅れのために彼女の時間 t' は管制官の時間 t と異なっている．すると彼女は，自分の到着が早すぎること，そして，短くなった時間 t' の間に速度 v で距離 s を進むことはできないはずだということに気づくだろう．そしてこのことから，彼女は本当に動いているのは自分だと主張できるだろう．この結論は，またも相対性原理を破るものである．明らかにどこかが間違っている．しかし，どこだろうか？ それは速さ v ではあり得ない．2人の観測者は，たがいの相対速度に関しては同意しているからである．

ジレンマを解決する鍵は，管制官と宇宙飛行士それぞれの

地球と惑星の距離の計算方法にある．管制官と宇宙飛行士が自分なりの時間 t と t' をそれぞれもつように，距離の値にも管制官の値 s と宇宙飛行士の値 s' があるのだ．これらはどのように異なっているのだろう？ じつは，時間と同じ比率で異なっているのである．

宇宙飛行士にとっては
$$s' = vt' \quad \text{つまり，} \quad s' = vt\sqrt{1 - v^2/c^2}$$
となる．一方，管制官にとっては
$$s = vt$$
が成り立っている．したがって，
$$s' = s\sqrt{1 - v^2/c^2} \tag{2}$$
となる．この結果は，宇宙飛行士にとって完全に納得のいくものである．宇宙飛行士によると，彼女の時計の読みが管制官の時計よりも小さいのは，管制官が主張する航行距離ほど旅をしていないからなのだ．彼女によると，$0.6c$ の速さで進んだときの航行時間が管制官の主張する値の 4/5 なのは，そもそも航行距離が 4/5 だからなのだ．つまり，彼女の時間と距離の計算値はみごとにつじつまが合っている．管制官の計算のつじつまが合っているのとまったく同様にである．

以上のことから，私たちは相対論の2番目の結果にたどり着く．速さは時間だけでなく，空間にも影響を及ぼす．宇宙飛行士から観測すると，ロケットに対して相対的に運動しているものはすべて押し縮められている．つまり，収縮している．このことは，地球と惑星の間の距離に関してだけではなく，地球や惑星自身の形についても当てはまる．それらはも

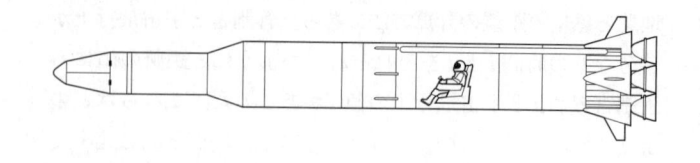

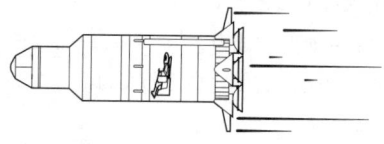

図 5 管制官から見ると、飛行するロケットだけでなく、その中のすべてのものの長さが収縮している。

はや球状ではない。運動方向のすべての距離は収縮するが、運動に垂直な方向の距離は影響を受けない。この現象は**長さの収縮**として知られている。

そしてもちろん、相対性原理によると、宇宙飛行士に当てはまることは管制官にも当てはまる。彼に対して相対的に動いている物体の長さは収縮するだろう。ロケットの速さが $0.6c$ のとき、管制官から見たロケットの長さは、発射台に止まっていたときの 4/5 しかない。そしてそれはロケット本体だけではなく、宇宙飛行士を含め、ロケットの中のものすべてに当てはまる。彼女は平べったくなって見える（図 5）。だからといって彼女自身がそのことを感じるわけではない。ここでいう平べったくなるというのは、重りを胸に乗せられたときとは違う種類のものである。つまり、力による作用ではない。空間自身が収縮するのである。この種の収縮は、宇宙飛行士の体をつくる原子を含め、すべてに影響を与える。

原子の大きさは彼女の体の縮みに合わせて運動方向に収縮するので，彼女は何も感じない．また，ロケット内のすべてのものが縮んでいるように彼女に見えることもない．なぜなら，彼女の眼の奥にある網膜も同じ比率で縮むため，網膜にできた像も同じ比率になり，結局，脳に届くシグナルは普段と変わらないものになるからだ．このことは彼女がどんな速さで進んでいようと当てはまる．光の速さにきわめて近い速さで進んでいて，宇宙飛行士を乗せたロケットがCDの厚さよりも薄く縮んでいたとしても，中の彼女は何も感じず，何の異常もないように見えているのである．

長さの収縮に関する話の最後に，1つ注意しておこう．図5は管制官の前を高速で横切るときに収縮しているロケットを描いている．だが，これは管制官が実際に，彼の眼で，**見る**ものを表しているのだろうか．つまり，写真に撮ったロケットの見え方を表したものだろうか．

この問題では，ロケットのさまざまな部分から出た光がレンズ（管制官の眼やカメラのレンズ）に届くまでに，有限の時間がかかることを考慮する必要がある．たとえば，ロケットが管制官に近づいてきているとすると，ロケットの先端部分から出た光は後端から出た光よりも短い距離を進むことになるので，届くまでの時間も短くなる．一方，写真の像は，同時に到着した光でできている．すると，写真の像をつくった光の中で，ロケットの後端から来た光は先端から来た光よりも早い時間に出ていなければならないことになる．つまり，管制官が見たり写真に写したりするロケットの姿は，あ

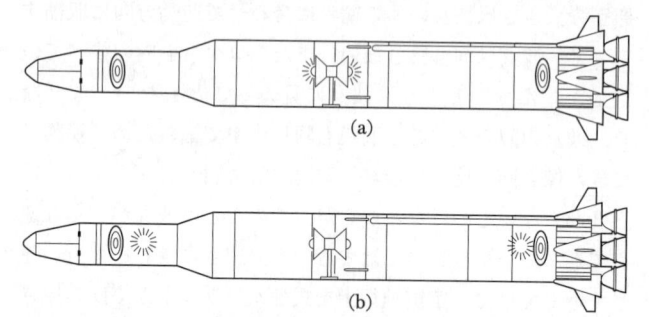

図6 宇宙飛行士から見ると，ロケットの中央から同時に放射された光のパルスはロケットの両端に同時に到着する．

る瞬間での実際のロケットの姿ではない．ロケットのいろいろな部分が異なる時間にどのように見えるか，カメラに写るか，なのだ．つまり，像はゆがんでいるのである．じつは，このゆがみによって，ロケットは収縮して見えるというよりは回転して見える．写真の像のさまざまな部分に来た光がどれだけの時間をかけて届いたかを考慮して計算することによってはじめて（以前にも出てきたが，「計算」という言葉に注意しよう），実際にはロケットが回転しているのではなく，長さの収縮を受けながらまっすぐに進んでいることを知ることができるのだ．

同時性の破れ

これまで，相対的な速さがどのように時間の遅れや長さの収縮を生じさせるかをみてきた．さらに時間は影響を受け

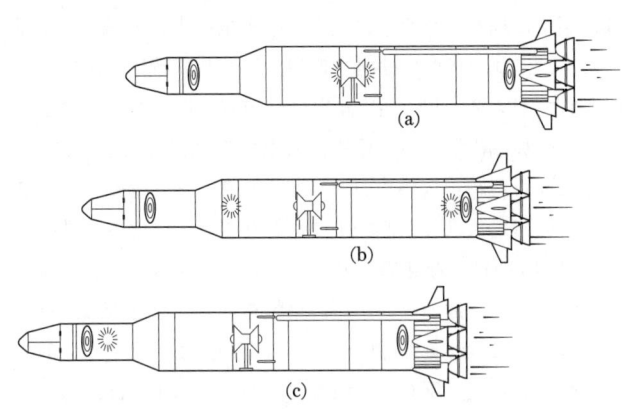

図7 管制官から見ると,ロケットの中央から同時に放射された光のパルスはロケットの両端に同時に到着しない.

る.光のパルスをロケットの進行方向と垂直に打ち出し,天井の標的に当たるまでの時間を測った実験を思い出しつつ,別の実験を想像してみよう.今度の実験では,宇宙飛行士は2つのパルス光源を用いる.2つの光源をロケットの中央に設置し,一方はロケットの前方に向け,他方は後方に向ける.そして,光源から等距離になるように2つの標的を置き,光源の照準を合わせておく.2つの光源は正確に同じ瞬間にパルスを放射するものとする(図6(a)).パルスが標的に到達するのはいつだろうか? 答えは明らかだ.2つのパルスは同じ距離を同じ光速 c で進む.したがって,2つのパルスは目的地へ同時に到着する(図6(b)).これが,宇宙飛行士から見た状況である.

では,駆け抜けていくロケットの中で何が起こっているかを管制官が観測した場合,その結果はどうなるだろうか.そ

れは図 7 に描かれたようになる．宇宙飛行士と同様に，管制官にも，2 つのパルスは同じ時刻，つまり同時に光源から放射されて見える（図 7(a)）．次に，後方に進んだパルスがロケットの後端に置かれた標的に命中するのが見える．では，前方に進んだパルスについてはどうだろう？ 管制官によると，このパルスはまだ標的までたどり着けずに途中を進んでいる（図 7(b)）．なぜ違うのだろう？ 彼から見ると，後方に向かったパルスのほうが短い距離を進む．なぜなら，ロケットの後端に置かれた標的がパルスを迎えに行くように前方へと進むからだ．反対に，前方に向かったパルスは，遠ざかっていく標的を追いかけなければならない．どちらのパルスも同じ速さ c で進む．そのため，後方に進んだパルスのほうが短い時間で標的に到着し，前方に進んだパルスはしばらく遅れて到着することになる（図 7(c)）．

以上から，2 人の観測者は，空間の同一の場所で生じた事象[*7]（2 つのパルスがロケットの中央部から放たれたこと）の同時性に関しては同意するが，離れたところでの事象（ロケットの先端と後端にパルスが到達すること）の同時性に関しては見解が分かれることがわかった．宇宙飛行士にとっては 2 つの事象が同時なのに対し，管制官にとっては後端に進んだパルスのほうが先に到着する．実際，最初のロケットを追い越していくもう 1 つのロケットという第 3 の慣性系の観測者（したがってこの観測者にとって第 1 のロケットは後ろ向きに進む）を考えてみると，そのロケットからは，先端に

(*訳注 7) 以下，ある時刻にある場所で起きた出来事を事象とよぶ（35 ページ参照）．

向かったパルスのほうが先に，つまり後端に向かったパルスよりも早く到着するのが観測されるだろう．これはもちろん，地表にいる管制官の結論とは正反対である．

　ここにきて，きわめてやっかいな問題が引き起こされてしまったわけである．それは，どちらが先に起きたのかについて，観測者どうしの観測結果が一致しないような2つの事象が存在するという問題だ．例として，(i) 子供が石を投げる，(ii) 窓ガラスが割れる，という2つの事象を考えてみよう．いったい，石が投げられるよりも前に窓ガラスが割れるようなことが起こりうるのだろうか？

　幸いにも，このような逆説的シナリオは不可能である．原因と結果という，因果関係にある2つの事象の順番は決して逆転しない．相対的にどのような運動をしていたとしても，すべての観測者は最初に原因となる事象が生じるのを見る．すでに知っている読者も多いだろうが，光の速さよりも速く動けるものは存在しない（本書でも後で扱う）．事象Aが事象Bの原因となるためには，信号といったなんらかの影響が，光の速さを超えないスピードで，両者の間でやりとりされなければならない．だとすると，たとえ2つの事象の時間間隔についての観測結果が観測者の間で一致しなくても，事象が生じた順番に関しては意見が一致するはずである．

　お互いに影響を与えることができない2つの独立した事象についてだけ，生じた順序についての観測結果に不一致があってもよいのである．要するに，因果律に矛盾するようなことは何も起こらない．

第1部　特殊相対性理論

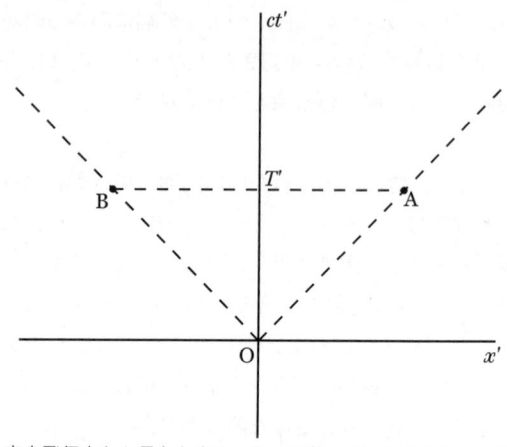

図8 宇宙飛行士から見たときの，2つの光のパルスがロケットの中央 O から両端 A，B まで進む様子を示した時空図．両方とも時刻 T' に到着する．

　だが，いったい誰が正しいのかという疑問は残されたままである．**本当の**ところ，2つのパルスが標的に達するのは，同時なのだろうか，違うのだろうか？　残念ながら，この問いに答えるのは不可能だ．この質問は無意味なのである．地球から惑星まで**本当の**航行時間はどれだけかとか，ロケットの**本当の**長さはどれだけかと尋ねるのと同様に，意味がないのである．時間，空間，そして同時性の概念は，観測する対象との相対的な運動がはっきり定まっているような，特定の観測者の立場でだけ意味をもつのである．

時 空 図

　同時性の破れや因果関係についてこれまで述べてきた事柄

は，図8のような図を利用することで，さらにはっきりと理解できるようになるだろう．これは**時空図**とよばれている．できるものなら，3つの空間座標と1つの時間座標を表現した4次元を描くのが理想的である．だが，それはもちろん平らな紙という2次元平面の上では不可能だ．そこで，2つの空間座標を省略し，1つの空間方向に沿って生じる事象だけを考えることにしよう．その方向をx'軸とする．これは，たとえば同時性を調べたときのロケットの先端と後端を結ぶ直線にあたり，それに沿って光のビームが通過していくという方向を表している．図8の第2の座標軸（縦軸）は時間を表す．この座標軸はt'ではなくct'にとるのが普通である．そうすることで，時空図の両方の座標軸を，同じ単位，つまり距離の単位で測ることができるようになる．なお，時刻ゼロのときのすべての事象はx'軸上のどこかに位置し，$x' = 0$で生じたすべての事象はct'軸に位置している．

　時空図を使って，同時性の破れについて考えてみよう．まず，宇宙飛行士から見たときの状況を時空図で表してみよう（図8）．$x' = 0$の座標軸は，2つの光源が置かれたロケットの中央の位置を表す．2本の破線は2つの光のパルスの軌跡を表し，一方は前方に，他方は後方に向かっている．点Oは位置$x' = 0$，時刻$ct' = 0$におけるパルスの放射という事象を表す．点Aと点Bは，等しい距離を反対方向に進んだ2つのパルスがロケットの両端の壁に到達したという事象を示している．点Aと点Bは同じ時間座標T'をもつことがわかる．言い換えると，これら2つの事象は同時に起きている．

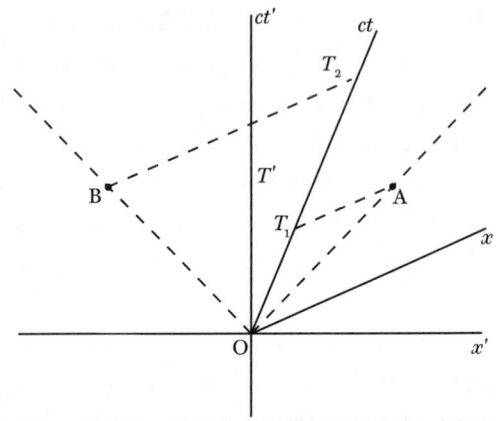

図9 管制官の ct 座標と x 座標が,宇宙飛行士の ct' 座標と x' 座標に対してどのように傾くかを示した時空図.管制官は宇宙飛行士とロケットの中央Oからパルスが同時に出たということについては同意するが,両端A,Bに到着した時刻は,管制官によるとそれぞれ T_1, T_2 である.

では,管制官から見たときの状況はどのように表されるのだろうか.図9で ct および x と記された斜めの座標軸が,管制官の座標系を表す.管制官の座標系で同じ位置 $x=0$ をもつすべての事象(つまり ct 軸上の点)は,宇宙飛行士の座標系では x' の値が連続的に変化してゆく事象として表される.なぜなら,管制官の座標系の原点はロケットに対して相対的に運動しているからだ.そのため,ct 軸は ct' 軸に対して傾くことになる.同様に,x 軸も x' 軸に対して傾くことになる.言い換えると,管制官の座標系は,右側の破線で表されている,前方に進む光のパルスの軌跡に向かって押し縮めたようになる.管制官にとって,同時に起きる事象は図の破

線のようにx軸に平行な直線上にある．このことから，点Aの時間座標は点Bの時間座標と同じでないことがただちにわかる（点AのほうはT_1で，点BのほうはT_2）．パルスの到達時間は管制官にとって同時ではない．この結果は，少し違う方法ですでに得たものである．

因果関係の問題はどうなるだろう？　時空図によって，どのような視点が得られるだろうか？　以前にも触れたが，何物も光より速く移動できないことが後で示される．したがって，時空図上で，運動する物体の軌跡は光の軌跡を表す破線よりもゆるやかな傾きをもつことはできない．

図10の線分OLは，ロケットの床を後端に向かって転がっていくボールといった，実現可能な軌道を表している．同様に，線分LMは後端の壁で跳ね返り，ロケットの中央に戻っていくボールの軌道である．一方，線分ONはボールの軌道としてはあり得ない．この軌道をたどるには，光よりも速くなければならないからだ．

要するに，領域Iで生じている点Rの事象がどんなものであっても，点Oで生じた何らかの事象を原因とすることが可能である．その理由は，光速を超えることなく，何らかの影響が2つの事象の間を伝わっていくことが物理的に可能だからである．実際，点Lの場合は，転がっていくボールが点Oから点Lへと伝播する影響となって，点Oと因果的に結びついている．同様に，領域IIの点Pで生じた事象は，点Oで起きる何かの事象の原因となりうる．すべての観測

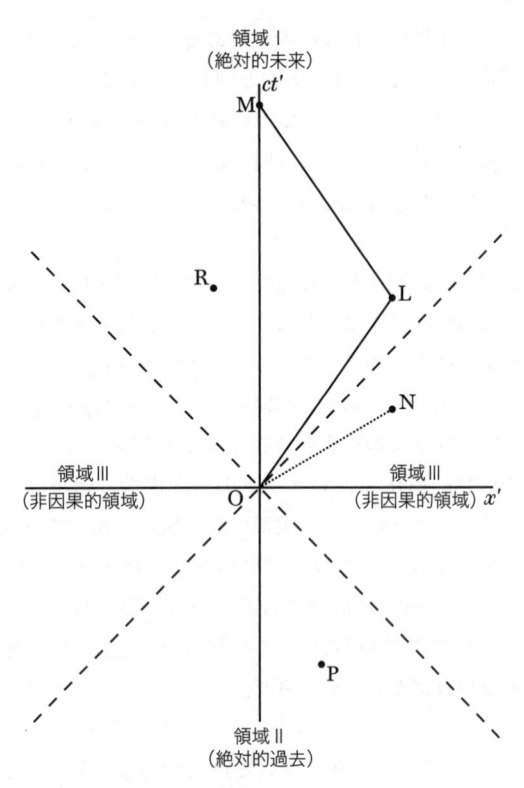

図10 時空図上で事象の区別を与える3つの領域:(事象Oに対して)絶対的未来,絶対的過去,非因果的領域.

者にとって,点Pは点Oの過去にあたり,点Lと点Rは点Oの未来にあたる.

では,領域Ⅲにある点Nのような事象は何に当たるのだろうか.じつは,点Oと点Nが因果的に結びつくことはあ

30

り得ない．なぜなら，すでに見てきたように，どんな物や信号であれ，この2点を結びつけられるような速さで進むことはできないからである．領域IIIにある2つの事象に対しては，どちらが先に生じたのかが決まらないのだ．しかし，このことは因果律に何の影響も及ぼさない．因果的に結びついた事象の順番には疑問の余地はないのである．原因の後にその影響が現れることに異議をとなえる観測者はいない．

領域IIIと記された領域が2つあることを疑問に思うかもしれないが，この時空図は3次元空間の1つの次元だけをとり出していることを思い出してほしい．この紙面から突き出た第2の空間座標を考えてみると，図の領域IIIの一方を，紙面から飛び出す向きにct'軸の周りに回転させると，他方の領域IIIに重なることがわかる．つまり，2つの領域IIIは，じつは同じ1つの領域を表しているわけである．

同様に，破線で表されている光パルスの軌道をct'軸のまわりに回転させると円錐を描くことがわかるが，この円錐は**光円錐**とよばれている．上方の光円錐の内側にある領域Iは点Oに対して**絶対的未来**とよばれ，下方の光円錐の内側にある領域IIは点Oの**絶対的過去**とよばれる．なお，領域IIIには「非因果的領域」という呼び名がついている．

時空図に関連してよく使われる言葉に**世界線**がある．またもや，かなり妙な用語の登場だ．世界線は，時空図における物体や光のパルスの軌道を表す線の呼び名である．たとえば，図9の線分OAとOBは，ロケットの中央から前方と後方へ向かう2つの光のパルスを表す世界線である．図10で

は3つの点 O, L, M を結んだ線が転がるボールの世界線を表している.

あなたが家でいすに座って本書を読んでいるとすると, 位置座標は変わらずに一定値を維持しているものとみなせるだろう. しかし, 時間は経っていく. したがって, あなたの世界線は自分自身の座標系の時間軸に平行な直線となる. 一方, もしあなたが電車の中で本書を読んでいるならば, その電車が通り過ぎるのを観測している人にとって, あなたの位置と時間の両方の座標が変化していくことになる. その観測者を基準とする座標系でのあなたの世界線は, 転がっていくボールとよく似た感じで, 観測者の時間軸に対して傾いたものになる. そして, 電車が遅くなればなるほど, 時間軸と平行に近くなっていく.

4次元時空

異なる観測者は時間と空間について異なった見方をするというこれまでの話は, 場合によっては見当違いを招くおそれがある. 実際, 相対性理論を「すべては相対的だ」という言葉に要約するような主張を耳にすることがある. この言葉はすべての人の自由を意味しており, 誰もが自分の信じたいものを何でも信じてよいというものだ. もちろん, これほど真実から遠い解釈はない. 確かに, 観測者によっては時間や距離は同じ値にならないかもしれない. しかし, それぞれの値は時間の遅れや長さの収縮の節で導いた公式によって, たがいに結びついている. そしてその結びつき方の規則はすべて

の観測者に共通で，数学的に厳密に決まっているのだ．

　上で述べたことだけでなく，あらゆる慣性系の観測者が同意する測定がほかにもある．それについて説明しよう．
　まずは日常的な場面を考えてみよう．たくさんの人のいる部屋である人が掲げた鉛筆は，部屋の中のすべての人にとってどこかしら違った見え方になる．短く見える人もいれば，長く見える人もいる．このことに関しては，誰も異論をはさまないだろう．鉛筆の見え方は，鉛筆の後ろ側から見ているとか横から見ているとかの，見る人の位置の違いによって変化する．しかし，この知覚の違いが問題になるだろうか？　見え方の違いによって，困った事態が生じてしまうだろうか？　そんなことはない．なぜなら，自分の見ている鉛筆が，視線に対して垂直方向に射影した2次元像であることを，私たちはみなよく知っているからだ（図11）．私たちが見ているものは，目と同位置に置かれたカメラの写真として映し撮れるが，写真は実際には3次元空間に存在している物体の2次元の像にすぎない．視線を変化させれば射影された長さpも変化するが，鉛筆の本当の長さはlのままである．
　このように見え方が異なってくるにもかかわらず，それを気にせずに暮らせるのは，第3の次元方向への鉛筆の広がり（それは視線に沿った方向であるが）を考慮すれば，部屋にいるすべての観測者が，実際の鉛筆の長さ，すなわち3次元での長さと一致する値を知ることができるからである．鉛筆を後端から見ている人には鉛筆の射影成分が短く見え，その分だけ視線方向の長さが大きくなる．一方，側面を見ている

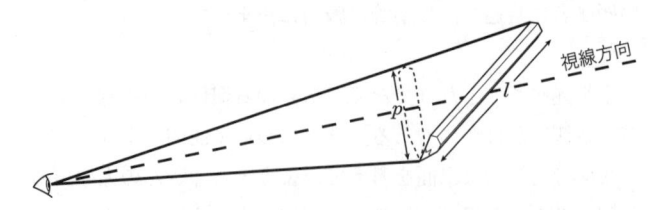

図 11 長さ l の鉛筆は，観測者にとっては，視線方向に対して垂直な方向に射影された長さ p に見えている．

人からは鉛筆は長く見え，その分だけ視線方向の成分が小さくなる．どちらの場合でも，観測者は3次元空間における真の鉛筆の長さの値を導くことができるのである．

　上の議論にもとづいて，私たちが時間と空間を異なって知覚することを類推してみよう．アインシュタインが特殊相対論を発表してから3年後の1908年，アインシュタインの先生の1人であったヘルマン・ミンコフスキー（かつてミンコフスキーは才能を開花させる前だった学生時代のアインシュタインを「怠けものの犬」とよんだ）は，異なった角度からアプローチし，アインシュタインの理論を再解釈してみせた．時間と空間とでは，それらを知覚したり測定したりする方法が大きく異なっている．しかし，相対論によると，両者は私たちが思っているよりもはるかによく似ていることをミンコフスキーは示したのである．実際，3次元空間に時間という別の1次元を加えたものとして時間と空間をとらえるのはもうやめなければならない．そうではなく，時間と空間は不可分に結びついた4次元の時空としてとらえるべきなの

だ．3次元空間内で定規とかを使って測定する距離は，4次元時空での1つの実体を3次元空間へ射影したものなのである．同様に，時計で測定される1次元的な時間は，4次元時空の1次元への射影である．定規や時計で測定される対象は**表面的な姿**にすぎず，本当の姿ではないのである．

表面的な姿は視点によって変化する．部屋の中で掲げられた鉛筆の場合，視点を変えることは鉛筆に対して自分の相対的な位置を変えることであった．それに対し，時空において視点を変えることは，速さ（空間での距離を時間で割ったもの）を変えることであり，変化は空間と時間の両方にまたがるものとなる．たがいに相対運動をしている観測者はたがいに異なった視点をもつため，4次元のある1つの実体に対しても異なった射影を観測することになる．

ここで強調しておきたいことは，図8～10のような時空図は時間の間隔に対して空間的な距離を単純にプロットしたものではないということである．もちろん，グラフというものは，どんな変数をほかのどんな変数に対してプロットしようとも元来は自由なはずである．2次元の時空図も基本的にはそうであるが，それが4次元の実体から切り出した2次元のスライスを表しているのだということを忘れてはならない．

では，この4次元的実体の性質とは何だろうか．時空の中身は何だろうか．それは，3次元の空間と1次元の時間とに依存するもの，つまり**事象**である．ただし，事象という言葉には気をつける必要がある．日常生活で使う場合の事象（出来事）という言葉には，さまざまな意味がある．たとえば，

第二次世界大戦は世界史のなかで重要な事象といえる．この文脈での「事象」は，1939 年から 1945 年までの期間に起きた，戦争に関係あるすべての事柄とその場所からなっている．しかし相対論では，事象という言葉は限定された特別な意味で使われている．事象とは，ある時刻の瞬間に 3 次元空間のある一点で生じたもの，という意味である．したがって，事象は，4 つの数字によって，時空のある一点へと正確に位置づけられることになる．ロケットがある時刻に地球という場所を出発するという出来事は，事象の 1 つである．また，後の時刻のある瞬間に，ロケットが遠く離れた惑星へ着陸するという出来事も，やはり事象の 1 つである．よく知られているように，3 次元空間の線とは空間上の点を連続的につないだものである．それに対し，時空においての世界線とは事象を連続的につないだものなのである．

2 人の観測者，宇宙飛行士と管制官にとって，事象のみかけ上の姿，つまり，出発と着陸という 2 つの事象における時間的な間隔や空間的な距離は異なって観測される．だが，きわめて重要なのだが，4 次元時空において 2 つの事象がどれだけ離れているかに関しては，2 人の意見が一致する．ほかのさまざまな速度の慣性系にいる観測者についてもまた同様である．そして，すべての慣性系での観測結果が一致するような 4 次元の量が存在するという事実は，時空というものこそが実在であるという考え方を後押しするものといえる．

では，4 次元時空における 2 つの事象間の距離とはどういうものだろうか．よく知られているように，2 次元空間にお

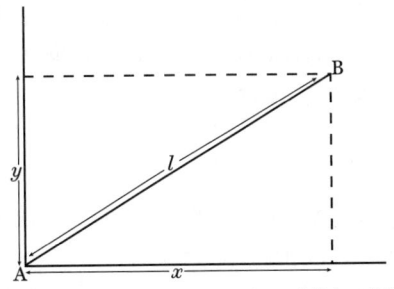

図 12 ピタゴラスの定理から，長さ l はその x 成分と y 成分で表すことができる．

ける2つの点Aと点Bの間の距離 l は，直交した2つの座標軸への射影 x, y を用いて表すことができる（図12）．再びピタゴラスの定理を用いると

$$l^2 = x^2 + y^2$$

したがって

$$l = \sqrt{x^2 + y^2}$$

と表せる．この式は3次元空間の距離の式に拡張することができる．先の2つの軸に直交する第3の軸に対応した第3の項 z を加えると，3次元空間の距離は

$$l = \sqrt{x^2 + y^2 + z^2}$$

と表される．

4次元時空における2つの事象間の「距離」すなわち「間隔」S は，第4の座標軸である時間軸に対応した第4の項 t を加えることによって表すことができる．ただし，単位（距離はメートル，時間は秒）を正しくとり入れるためには，第4成分も距離（メートル）を単位にもつように ct としなけれ

ばならない．もう1つ面倒なことがある．S の表式がすべての観測者にとって同じであるためには，時間成分と空間成分の符号が逆になっていなければならないのである．つまり，次のようになる．

$$S = \sqrt{c^2t^2 - x^2 - y^2 - z^2} \tag{3}$$

これが，すべての観測者の結果が一致する，4次元時空における2つの事象間の距離の表式である．

式(3)の右辺第1項，すなわち時間の項が大きくて S^2 が正になるとき，考えている2つの事象の間隔は**時間的**とよばれる．このとき，2つの事象のうち後に生じるほうは，最初の事象に対して絶対的未来にある（図10）．したがって，2つの事象は因果的に結びついてもよい．一方，空間成分の項が第1項よりも大きくて S^2 が負になるとき，2つの事象の間隔は**空間的**とよばれる．このとき，2つの事象のうち後に生じるほう（実際に後で生じるとは限らないが）は図10に「非因果的領域」と記した領域にある．時間的領域と空間的領域は光円錐で分けられている．なお，光円錐上のどんな2つの事象に対しても，S^2 はゼロとなる．

現実は4次元であるという考え方は，直観に反した奇妙なものである．アインシュタイン自身ですら，最初はミンコフスキーの考えを受け入れるのに戸惑った．しかし，しばらくして彼は戸惑いを乗り越え，「今後は，3次元空間で時間発展していく物体という従来の考え方を捨てて，4次元に存在する物体という扱いに変えねばならない」と宣言した．このことは時間が単なる空間の4番目の次元になったことを意味

するのではない．時間は確かに空間の3つの次元と融合して連続的な4次元時空をつくってはいるが，空間の次元とは異なる性質をもち続けてもいる．たとえば，光円錐がぐるりととり囲むのは時間軸だけであり，空間の座標軸をとり囲むことはない．また，絶対的未来と絶対的過去は時間軸との関係だけで定まっている．

　4次元を視覚化することは容易ではないため，それが現実であることを受け入れることは難しい．実際，たがいに直交する4本の座標軸を頭に描くことなど不可能である．視覚的なイメージにあまり頼らずに数式で理解していくしかない．
　4次元時空という概念で当惑させられることの1つに，4次元時空においては変化が起きないという事実がある．というのも，変化は時間の流れの中で起きるものだが，時間の流れの中に時空があるのではなく，時空の中に（1つの座標軸として）時間が含まれているからだ．これは，過去・現在・未来というすべての時間を対等にあつかうといっているのに等しい．言い換えると，過ぎてしまった過去の出来事は消えてなくなるというあたり前のような考えが通用せず，4次元時空では過去の出来事，つまり事象が消えずに存在し続けているのである．同様に，まだないはずのこれから起きる未来の出来事も，4次元時空でははじめから存在していることになる．時空では，過去と未来を分ける「今現在」という瞬間的な時間を特別扱いしないのである．

　相対論の世界では，時間のあらゆる瞬間に空間全体がそな

わっているだけでなく，空間のあらゆる地点に時間全体がそなわっている．つまり，あなたが今現在どこで本書を読んでいようとも，現在のこの瞬間が存在するだけでなく，本書を読み始めた過去の時間や，この後で読み飽きて（おそらくこの話で頭が痛くなったためだろう），席を立ってお茶を入れに行ってしまう未来の時間も，現在と同列に存在しているのである．

いまここで扱っているのは，いわば止まったままの奇妙な世界であって，「ブロック宇宙」とよばれている．ブロック宇宙は，多くの奇妙なアイデアを抱える現代物理学のなかでも，もっとも論争の的になっている考え方の1つである．いまこの瞬間にだけ特別に「現実」というものを感じることや，未来は不確かで過去は取り返しがつかないと思うことや，時間は流れていくと感じることは，きわめて自然な感覚といえる．これらの感覚は，すべての過去と未来が最初から存在していて，私たちはすでに決まっている未来がやってくるのをただ待っているだけだという考え方とは相入れないものである．有名な物理学者のなかでさえ，「4次元時空における2つの事象の間の距離もしくは間隔」として定義された量がすべての観測者の間で等しい値となることは認めるものの，上に述べたような，もう一歩踏み込んだ解釈や時空の物理的実在に関しては認めない人たちがいるのだ．彼らによると，時空は単なる数学的な概念以上のものではないし，過去はもはや存在せず，未来はまだ存在せず，現在だけが存在のすべてである，ということになる．このような考えに共感す

る読者もいるだろう．しかし，ブロック宇宙の考えを否定してしまう前に，もう少し深く考えてみる価値がある．

「存在とは，いまこの瞬間に起きているもののことだ」といった言葉はしばしば耳にするが，この言葉の意味を尋ねられたら，あなたはどう答えるだろうか．もしかしたら「いまこの瞬間，この場所で，この本を読んでいる自分が存在していることだ」と答えるかもしれない．確かに一理ある．だが，いまこの瞬間，どこかほかの場所で起きていることも存在のなかに含まれるはずだ．たとえば，ニューヨークで階段を上っている人がいるとする．いまこの瞬間，彼の足が階段の1段目にあったとすると，あなたの「存在しているものリスト」には，このニューヨークで階段の1段目に足をかけている男が加わることになる．

ところが，あなたの真上を通過していくロケットに乗った宇宙飛行士がいたとしよう．同時性の破れから，あなたが本を読んでいるその瞬間，ニューヨークで同時に起きていることは，あなたと宇宙飛行士とでは異なって観測される．宇宙飛行士にとっては，いまこの瞬間，そのニューヨークの男の足は，階段の1段目ではなく2段目を踏んでいる．

さらに上で考えたロケットに対して逆向きに飛んでいるロケットを考えると，そのロケットに乗った第2の宇宙飛行士の観測結果は，また別なものになるだろう．第2の宇宙飛行士にとっては，いまこの瞬間，ニューヨークの男はまだ階段にたどり着いてすらいない．

問題点はもはや明らかであろう．「存在とは，いまこの瞬

間に起きているもののことだ」といっても，いまこの瞬間に起きていることが，人それぞれで違ってきてしまうのである．はたして，ニューヨークに存在しているのはどの男なのだろうか．階段の1段目に足をかけた男なのか，2段目を上っている男なのか，それともまだ階段にたどり着いていない男なのだろうか．

ブロック宇宙という考え方をとれば，3つの場合すべてが存在することになるので矛盾は生じない．ニューヨークでの3つの事象のどれが同時になるかは，自分の座標系において，今現在と同じ値の時間座標をもっているのはどれかという問題にすぎない．「今現在」とは，同じ時間座標をもつ4次元時空のスライスのことであり，スライスの切り出され方は相対運動ごとに違ってくるのである．

もちろん，ブロック宇宙の考え方にも問題がないわけではない．「今現在」という特別な瞬間や，時間の流れに関する意識はどこからくるのかという問題だ．これは，昔から解決されずに残されてきた大きな謎といってよい．これは，ブロック宇宙の問題というより物理学の枠を超えた問題であり，物理的実在としての世界をどのように知覚し意識するかにかかわる問題であるといえる．理由は明らかではないが，私たちの意識は時間軸に沿って未来を照らすサーチライトのようなもので，私たちは「今現在」とよぶ特別な瞬間を物理的時間から次々にとり出しながら，そのサーチライトを少しずつ前進させ続けているかのようである．

どうも，憶測の域を出ないことを述べ過ぎたようだ．相対

論に戻るとしよう.

究極の速さ

これまでに,速く運動するほど時間が遅れていき,光の速さに達したとしたら時間は止まってしまうことをみてきた.では,さらに加速を続け,光の速さを超えようとしたら何が起きるのだろうか.時間の向きは逆転してしまうのだろうか.そうならないことを願いたいものである.さもないと,ありとあらゆるところで混乱が生じるからだ.たとえば,時間をさかのぼったある男が誤って自分の祖母を車でひいてしまったとしよう.そしてそれが自分の母を祖母が産む前だったとしたらどうなるだろうか.母がこの世に生まれてこなかったことになるのに,どうしてその男が存在して時間をさかのぼることができるだろうか.

幸いにも,すべての物体は光の速さを超えて進むことができないため,上のようなことは起きない.では,なぜ光の速さを超えることができないのだろうか.

ニュートン力学によると,質量 m,速度 v の物体は,次式で定義される運動量 p をもつ.

$$p = mv$$

物体をさらに速くするには,物体に力を加える必要がある.ニュートンの運動の第2法則によると,物体の運動量の変化の割合は,加えられた力 F に等しい.質量 m が一定の場合,力は,速度の変化の割合(すなわち加速度 a)に質量 m を

第1部 特殊相対性理論

かけたものに等しいと言い換えることもできる.すなわち,

$F = ma$

となる.この式によると,十分大きな力を加え続ければ,物体は無限に加速し続けることになり,到達できる速度に限界はないことになる.

だが,相対論ではそうはいかない.時間と長さの見方を変えなければならなかったように,相対論では運動量の概念も再定義する必要があるのである.具体的には,相対論的な運動量の表式は次のようになることが示される.

$$p = \frac{mv}{\sqrt{1 - v^2/c^2}} \tag{4}$$

時間の遅れや長さの収縮で出てきたのとまったく同じ因子 $\sqrt{1 - v^2/c^2}$ が式(4)にも現れたことは,驚くほどのことではないだろう.(この式を導くのはそれほど難しいことではないが,ここにそれを記すには少々長過ぎて退屈なので省略する.)

次に,ニュートンの運動の第2法則がどう変更されるかを調べよう.じつは,「運動量の変化の割合は加えられた力に等しい」という法則はそのまま成り立つが,運動量としては相対論のものを用いる必要がある.このことは,第2法則の1つの表現だった $F = ma$ が成り立たなくなることを意味する.非相対論では単なる v の変化の割合(すなわち加速度 a)を考えればよかったが,相対論においては $v/\sqrt{1 - v^2/c^2}$ の変化の割合を考えなくてはならないのである.v が小さいとき,つまり非相対論的なときはニュートン力学と同じ状況に戻るが,v が c に近くなった場合,v^2/c^2 は1に近づくため

$\sqrt{1-v^2/c^2}$がゼロに近づき，式(4)で与えられる運動量は無限に大きくなっていく．したがって，一定の力を加え続けると物体の運動量も一定の割合で増加していくが，物体の速度そのものはほとんど増えていかなくなる．そのため，速度の極限値が光の速度であり，何物も光と同じ速さまで加速することはできないのである．

　この結果は，誰も光に追いつけないことを意味する．ヘッドライトのついたロケットに乗った宇宙飛行士がどんなに頑張って速度を上げても，ロケットから出た光のビームはつねにロケットより先に進み，追いつくことはできないのだ．

　実際，アインシュタインの頭脳に相対性理論のアイデアが芽生えたのは，光に追いついたらどうなるのかをじっくり考えていたときだったのである．アインシュタインは，光と並んで進む速さにまで加速されたらどうなるかを考えた．このとき，光と並んで進む人から見れば，横に並んだ光は止まって見えるはずである．この状況は，2台の車が同じ速さで並んで走っているとき，車に乗っている人からはたがいの車が止まって見えるのと同じだからだ．しかし，マクスウェルの電磁気の法則から，光は電磁波であり速度cで進まねばならないことをアインシュタインは知っていた．光は静止して見えるはずはないのである．

　速さcで進むことは，光の本質的な性質である．そのため，ロケットの先端から出た光は，地球で静止している管制官だけでなく，ロケットに乗っている宇宙飛行士にも，同じ

速さcとして観測される．一方，この事実にもかかわらず，光の速さからロケットの速さを引き算した値としての，管制官から見たときのロケットに対する光の相対的な速さは，光速cよりもずっと小さくなってしまう．

そこでアインシュタインは，いままでの速度の足し算や引き算のやり方には深刻な誤りが含まれているはずだと結論づけた．速度とは空間的な距離を時間で割ったものにすぎないのだから，もし速度の概念に何らかの誤りがあれば，ただちにそれは，速度の背後にある空間や時間の概念にも誤りがあることを意味することになる．実際，アインシュタインの思った通りだった．そして，すでに見てきたように，時間の遅れ，長さの収縮，離れた2つの事象の同時性の破れといった現象が導かれていったのである．

ところで，光の速さcにまで加速することはできないという事実は，光の速さよりも速く進むということのあらゆる可能性を否定してしまうのだろうか．厳密にいうと，そうではない．超光速にまで加速することが不可能だといままで述べてきたが，それは既知の物質に対してである．奇抜ではあるが，光速を超えた世界で創られ，cから無限大までの速さだけしかもたないような物質の存在という可能性を否定するものではない．この仮想的な物質粒子はタキオンとよばれている．何年か前になるが，タキオンについてさまざまな推測がなされた時期があった．一例をあげると，タキオン物質でつくられた観測者から見ると，タキオン世界での速さはc以下であり，私たちの世界の物質のほうがcから無限大の速さで

運動しているように観測されるという可能性が指摘された．しかし，これくらいにしておこう．タキオンが存在するという証拠はまったくないのであって，上のような指摘も根拠のない臆測にすぎないのである．

$E=mc^2$

相対論的な運動量の表式(4)は，どのように解釈していくべきなのだろうか．もっとも，物理学者のなかには特別な解釈は不要だと考える人たちがいる．実際，たんにニュートン力学における運動量の v を $v/\sqrt{1-v^2/c^2}$ で置き換えればよく，質量 m は一定のままで変化しないと考える立場が，現在の物理学者によってもっとも支持されているといえよう．しかし，相対論が誕生したころからある，もう1つの考え方にも捨てがたい良さがある．その立場では，新たな因子

$$\frac{1}{\sqrt{1-v^2/c^2}}$$

は速度でなく，質量に属すると考える．言い換えると，速度 v が大きくなるにつれて，質量もこの因子の分だけ増大していくのである．この考え方にもとづくと，静止しているときの質量の値（**静止質量**とよばれる）と，運動しているときの質量の値とを区別する必要が生じてくる．

そこで式(4)の m を，静止しているとき（すなわち $v=0$ のとき）の値を表す m_0 で置き換えることにしよう．すなわち，

$$p = \frac{m_0 v}{\sqrt{1 - v^2/c^2}}$$

で表す．この式は，次のように書き直すことができる．

$$p = mv$$

ただし，ここでの m は物体が速さ v で運動しているときの質量を表していて，

$$m = \frac{m_0}{\sqrt{1 - v^2/c^2}} \tag{5}$$

で定義される．

さて，この質量の増大という考え方によって導かれることは何だろうか．物体の速さが大きくなると，その物体のエネルギーも増大するはずである．つまり，運動エネルギーを獲得することになる．一方，運動エネルギーは質量にも依存するので，物体の速さが増大して運動エネルギーを獲得するときには，質量も必然的に増加することになる．

このことから，なぜ速さには限界があるのかが説明できる．v が c に近づくと，物体の質量 m は無限に大きくなっていく．物体の質量が無限大に近づくと，たとえどれほど大きな力をどれほど長い時間加えようとも，事実上，加速できなくなっていくのである．

私たちは，理論的な推論から，速さには上限があるという結論に至った．だが，現実はどうなっているのだろうか．この問いに答えるために，再びスイスのジュネーヴ郊外にある CERN を訪れることにしよう．もちろん，欧州や米国にあるほかの研究所でも同じである．そこには，**粒子加速器**とよば

れる装置がある(世間では「原子粉砕器」[*8]という,誤解を招く恐れのある呼び名が使われている).その装置の役割は,きわめて強い電気の力で陽子や電子といった素粒子を加速して高速にすることである.加速器の中には電磁石を使って粒子を円軌道に沿って周回させるものがあるが,この方式は,ハンマー投げのオリンピック選手がぐるぐる回りながらハンマーのスピードを上げていくのに似ている.

これらの加速器では,光の速さが粒子の速さの上限であることが十分確認されている.粒子を押し続ければ,その速さはじわじわと光の速さに近づくものの,決して光の速さにまでは達しない.しかし,粒子の運動量は増え続け,ついには加速器の磁場では粒子を軌道にとどめておくことができなくなるくらいの大きさに達する.この値が加速器でつくり出せる粒子のエネルギーの上限に対応する.さらに大きなエネルギーにするためには,磁石を増やしてさらに大きな装置をつくらねばならない.現時点でもっとも大きな加速器はCERNにあるもので,一周が27 kmもある.

加速の限界が質量の増加に起因するとして,いったい粒子はどれくらいまで重くなるのだろうか.カリフォルニア州のスタンフォード大学にある加速器では,もっとも軽い素粒子の1つである電子を,3 kmもの長さをもつ円筒で加速している.加速され終わって出てきた電子の質量は加速される前と比べて4万倍にもなっている.これだけの質量を獲得した

(＊訳注8)'atom smasher'の訳.日本では「加速器」という言葉が世間一般でも使われている.

電子は，その後どうなるのだろうか．じつは，そのような電子は実験室で引き起こされる何らかの反応過程でエネルギーを失い，ほぼ止まっている状態に戻る．その間に，獲得していたエネルギーとともに増大していた質量も失われ，通常の静止質量の値に戻るのである．

　この時点で，興味深い疑問が生まれる．私たちは運動エネルギーと質量がどのように関係するかをみてきたが，粒子が静止していて運動エネルギーをもたないとき，静止質量 m_0 はどういう意味をもつのだろうか？　エネルギーをもつためにはそれに付随した質量ももたねばならないとしたら，逆に，エネルギーがないと質量ももてないことを意味するのではないだろうか？　もしそうだとすると，静止質量と結びついているのはどういうエネルギーなのだろうか？

　答えは，「閉じ込められた」エネルギーである．ただし一定の条件のもとでこのエネルギーは部分的に解放することができ，これが太陽や核爆弾のエネルギー源となっている．

　さらに詳しく調べるために，運動量の相対論的な表式があるのと同様に，物体のもつ全エネルギーを表す相対論的な式があることに注目しよう．それはアインシュタインのもっとも有名な公式である．

$$E = mc^2 \tag{6}$$

または，

$$E = \frac{m_0 c^2}{\sqrt{1 - v^2/c^2}} \tag{7}$$

この式は次のようにも書ける．

$$E = m_0 c^2 \left(1 - \frac{v^2}{c^2}\right)^{-1/2}$$

一部の読者は知っていることだと思うが，この式は次のように近似することができる[*9]．

$$E \approx m_0 c^2 \left(1 + \frac{v^2}{2c^2} + \cdots\right)$$

したがって，

$$E \approx m_0 c^2 + \frac{1}{2} m_0 v^2 + \cdots$$

となる．右辺第1項は，静止質量に閉じ込められたエネルギーを表す．引き続く項は，粒子の運動によって獲得されたエネルギーを表す．その最初の項，つまり右辺第2項は，ニュートン力学における運動エネルギーの形になっていて，vの値がcに比べて小さいときには，この項が相対論的な運動エネルギーのよい近似になっていることがわかる．大事なことは，物体のもっている全エネルギーが，静止質量に閉じ込められたエネルギーと運動エネルギーの和になっているということである．

要するに，$E = mc^2$という式は，質量mにはいつでもエネルギーEがともなっているし，また逆に，エネルギーEにはいつでも質量mがともなっているということを表している（因子c^2は質量とエネルギーの単位を正しく揃えるために必要なだけである．Eキロワット秒＝mキログラムとい

（＊訳注9）テイラー展開の公式から $(1-x)^{-1/2} = 1 + (1/2)x + (3/8)x^2\cdots$，となる．

う式はあってはならない).

　したがって,オーブンで温められたプレートは,温められる前よりも重くなっているといえる.なぜなら,温められたためにプレートのエネルギーが増加していて,その分だけ質量も増加しているはずだからである.ただし,その差はきわめてわずかなものにすぎない.(したがって,あなたがオーブンからプレートをとり出すときにとり落としてしまったとしても,それはプレートが重くなったからではなくて,やけど防止用のキッチングローブをするのを忘れていたためであろう.)

　しかし,原子核を結びつけているような強い力をあつかう場合には,状況が一変する.原子核反応においては,反応前と後での質量の差は無視できないほど大きくなるのである.よく知られているように,原子は中心にある重い原子核と,そのまわりを囲む軽い電子とでできている.自然界に見られるすべての物質を構成している92の元素の違いは,もっている電子の個数(1～92個)と原子核の大きさである.軽い原子核同士が衝突すると,まれに融合してさらに重い原子核になることがわかっている.あらゆる結合したシステムと同様に,ひとたび原子核どうしが結合して複合核が形成されると,再びそれらを引き離して分解するためには相当なエネルギーが必要になる.このことは,結合する前の2つの小さな原子核がもっていたエネルギーの和は,結合して1つの原子核になったときにもつエネルギーよりも大きいことを意味する.したがって,原子核が結合するときには,その差に相当するエネルギーが解放されねばならない.これらのエネルギ

ーは，熱エネルギーや光のエネルギーとして放出される．この過程，すなわち軽い原子核が結合して，より大きい原子核を形成する過程は**核融合**とよばれる．太陽は核融合によってエネルギーを放っているのである．

核融合でできた原子核で減少するのはエネルギーだけではない．その質量も，結合前の原子核の質量の和よりも少なくなっている．静止質量として閉じ込められていたエネルギーの一部はほかのエネルギーに姿を変え，最終的に宇宙空間に放射される．この核融合過程で太陽は1秒間あたりに600万トンの水素原子を596万トンのヘリウム原子に変換し，その差に当たる4万トンの静止質量を毎秒失っているのである．

次に核分裂について考えよう．この過程は広島と長崎に落とされた核爆弾の破壊力の源でもあり，今日の原子力発電所のエネルギー源でもある．核分裂は，ウランのような非常に大きな原子核は不安定になりやすいことからくる現象である．そのような大きな原子核は分裂して複数の小さな原子核になると同時に，中性子，電子，光といったいくつかの分裂片を放出する．そのほうが中性子と陽子の結合をより強く効率的にすることができるのである．たとえば，典型的なウランの同位元素 ^{235}U の核分裂過程は，中性子1個を吸収して ^{236}U となり，次に ^{92}Kr（クリプトン）と ^{141}Ba（バリウム）に分裂するとともに3個の中性子と，エネルギーつまり核分裂エネルギーを放出するというものである．この過程で放出された中性子は，進んでいくうちに別な ^{235}U に吸収され，さらに核分裂を引き起こすことができる．すなわち，連鎖反

応が起きるのである．もし連鎖反応が急激に起こったら爆発（核爆弾）となるが，一定の割合でエネルギーを解放するように制御するならば，平和目的（原子力発電）に利用することができる．

重い原子核の分裂反応よりも，水素の核融合のほうが得られるエネルギーは大きい．核分裂を用いた古いタイプの核爆弾よりも水素爆弾のほうが破壊力が大きいのはそのためである．

一方，水素爆弾の発明以来，核融合のエネルギーを平和目的で利用しようという試みが行われてきた．その魅力の1つとして，核融合の燃料である重水素（水素の同位体）は海水からいくらでもとり出せることが挙げられる．1ガロン[*10]の海水は300ガロンの石油と同等のエネルギーを有しているといえる．核融合が核分裂に勝っているもう1つのポイントとしては，きわめて長期間にわたって安全に保管しなければならない有害な核廃棄物を排出しないことも挙げられる．

残念ながら，核融合を実用化するのは技術的にきわめて難しいことがわかっている．核融合のためには物質を1億度もの超高温にする必要があるが，この温度ではどんな容器もこの物質に触れただけで溶けてしまう．そこで，磁場を用いて核融合物質を容器の壁から離れた場所に閉じ込めておこうとするのだが，この条件を維持することがたいへん難しい．それでも挑戦は続けられているし，いつの日か必ず成功するに

（*訳注10）1英ガロン＝4.54609リットル．

違いない．しかし，商用レベルでエネルギーを供給できるようになるのは早くても2040年以降であると予想されていて，この先まだ長い道のりが必要であるといえよう．

これまで，静止質量がどのようにほかのエネルギーに転換されるかをみてきた．では，逆方向のプロセス，たとえば運動エネルギーから質量をつくり出すことは可能なのだろうか．答えはイエスであって，じつは，粒子加速器のおもな目的の1つがまさにこれなのである．加速器では高エネルギーに加速された粒子を，標的あるいは反対方向からやってくるビームと衝突させる．そして，衝突によってしばしば最初になかった新しい粒子が誕生する．「物質は不生不滅である」という言葉は有名だが，これは明らかに成り立たないのである．ただし，注意しておくが，無から有が生じるわけではない．衝突後に存在するすべての粒子の運動エネルギーの和を衝突前の運動エネルギーと比べたとき，その減少分が生成された新しい粒子の静止質量になっているのである．

では，どのような種類の粒子が生成可能なのだろうか．第1に，好きなだけの量の物質を生成できるわけではないことに注意しよう．生成された粒子の質量にはある制限がある．たとえば，電子の静止質量の264倍の静止質量をもつ粒子を生成することはできるが，263倍だったり265倍だったりすることはできない．これは，以前に，運動している光源から放出された光の速さを議論したときに登場した中性パイ中間子のことである．そこで述べたように，この中性パイ中間子は不安定で，2つの光のパルスに崩壊する．したがって，運

動エネルギーからパイ中間子の静止質量へと変換されたエネルギーが,短い時間の間に今度は光というエネルギーへと変換されることになる.

時間の遅れの検証実験で登場したミュー粒子も,高エネルギー実験で生成される粒子の1つである.ミュー粒子の質量は電子の207倍で,荷電パイ中間子の崩壊によって生成される.そして今度はそのミュー粒子がより軽い粒子へと崩壊して,エネルギーを放出するのである.

加速器で新たに生成される粒子のなかには,ストレンジネスとかチャームといった聞き慣れない名前でよばれる,私たちの世界を形成している通常の物質にはない性質をもつものがある.これらの性質は高エネルギー物理学,または素粒子物理学とよばれている領域の問題である.そこではほとんどの物質が光の速さに近いスピードで運動し,特殊相対論が支配している世界である.物理学者からみると,その世界では相対論が常識であって,日常的にあたり前のように起きている現象を記述しているにすぎないのだ.

特殊相対論についての説明はここまでである.最初の「まえがき」に戻って,常識的な考え方として並べた項目を眺めてみよう.これまでにそのうちの5つについては,どのような修正を受けるかをみてきたわけである.続く第2部では,残された項目がどうなるのかをみていくことにしよう.

第2部
一般相対性理論

等価原理

　第1部では,観測者が一定の速度で運動している場合,つまり慣性系にいる場合を考えてきた.また,重力の影響は考えてこなかった.第2部では,視野を広げて,加速運動や重力が時間と空間に与える影響を考察していこう.この拡張された状況を調べていくなかで,これまで考察してきた特殊相対性理論が,文字通りに一般的な理論の特殊な場合になっていることが理解できるだろう.

　まず,地表のような重力場中では,地面から同じ高さのところで手を離したすべての物体は同じ加速度で地面に向かって落下するという,単純な観測事実から始めよう.もっとも,これはあたり前というわけではない.実際は空気抵抗の

影響を受けて,ほかの物体よりもゆっくりと落下していく物体がある.金づちと羽毛を同時に手から離すと,金づちがすぐに落下するのに対して,羽毛はふわふわ漂いながらゆっくりと落ちていく.しかし,アポロ15号の宇宙飛行士が月の上で実験してみせたように,空気抵抗の影響をとり除くことができれば,金づちと羽毛は同時に着地するのである.

このことはガリレオがアポロの宇宙飛行士よりも先に示したことと同じであって,新しい知見ではない.ピサの斜塔から物体を落下させたという逸話の真偽はともかくとして,ガリレオが自由落下の普遍性を見いだしたことは確かな事実である.彼は,斜面を転がり落ちる物体の実験から,この性質を発見したのである.(落下中のスカイダイバーはパラシュートを開く前でも空気抵抗を受けており,「自由落下」をしているのでは**ない**ことを指摘しておこう.)自由落下の普遍性とは,次のように述べることができる.

「重力のみがはたらく場合,物体の運動は始めの位置と速度だけで決まり,その物体の内部構造や組成によらない.」

さて,これをどのように理解すればよいのだろうか.重力による加速度が g であるとすると,物体に加わる重力 F は

$$F = m_G g$$

と表せる.ここで m_G は**重力質量**とよばれる物体の性質である.一方,ニュートン力学によると,物体の運動は次の式にしたがう.

$$F = m_I a$$

ここで a は加速度, m_I は慣性質量で物体が力 F を加えられたときに示す慣性の大きさを表す量である.上の2つの方程

式から F を消去すると，

$$m_G g = m_I a$$

を得る．自由落下の普遍性によると，金づちと羽毛は同一の加速度 a をもつはずである．この同一の加速度を重力による加速度 g としたのだから，$a = g$ になり，

$$m_G = m_I$$

が導かれる．この結果から，私たちは慣性質量と重力質量を区別せずに物体の質量というものをいままでどおり考えることができ，それをたんに m と記してよいことになるのである．なお，慣性質量と重力質量が等しいことは1兆分の1，すなわち 10^{-12} の精度で実験的に確かめられている．

 以前にも述べたように，このことは昔からよく知られていた事実であった．ここで，物理学者が見逃してきた部分に光を当て，妙なことが起きていることを見抜いたのは，またしても天才アインシュタインだったのである．第1部で述べたように，特殊相対論のときにアインシュタインは，よく知られていた相対性原理と，同じくよく知られていた光速度が定数になるというマクスウェルの電磁気学からの帰結とを調和させようとすると，奇妙なことが起こる点に着目したのであった．今度の問題でアインシュタインが着目したのは，2種類の「質量」は明らかに区別されるべきにもかかわらず，なぜ同じ値をもつのかという点であった．具体的には，きわめて異なる2つの物体が正確に同じ加速度になるような引力の値を，どのようにして重力は「知る」のだろうかと，アインシュタインは考え続けたのである．そもそも，重力は**なぜ**物

体に同じ加速度を与えようとするのだろうか？　その本質は何なのだろうか？　このように考え続けた結果，アインシュタインは重力と加速度との間に隠されたきわめて深いつながりがあるに違いないと判断したのである．

　このつながりとは何かを見るために，垂直方向に自由に加速できる基準系として架空のエレベーターを思い浮かべて，その中で金づちと羽毛を落下させたらどうなるかを考えてみよう．そして，これらの物体を手から放した瞬間に，エレベーターを支えていたケーブルが切れ，エレベーター自体も落下し始めたとしよう．このとき，エレベーターは，中の物体とまったく同じように加速されていくはずである．また，一緒に自由落下していくということは，おたがいの相対的な位置関係が変化しないということを意味する．つまり，エレベーターの中の観測者にとっては，手から離したはずの金づちと羽毛が床に向かって落下しようとせず，もとの位置にとどまったままになる．言い換えると，観測者にとっては，あたかも重力が突然消えてしまい，エレベーターの中のものが「無重量」[*11]になったかのような状態になるのである（エレベーターにいる観測者は，緊急停止装置が確実に作動することを知っているものと仮定する．さもないと，自分の命が心配で深遠な物理実験に集中するどころではなくなってしまう）．

　無重量状態については，宇宙空間で活躍する宇宙飛行士に

（*訳注11）weightless（重さがない）を本書では無重量と表現した．

関することで見聞きした場合が多いだろう．宇宙飛行士たちが無重量になっているのは，地球や太陽からの重力の影響が及ばないほど遠い宇宙のかなたに彼らが行ってしまったためだと信じている人もいるようだが，これはまったくの誤りである．実際，ロケットが地球のまわりを回っている場合でも，無重量は体験できる．ロケットが，地球から遠ざかる直線的な軌道ではなく，地球を周回する軌道を描いているということは，ロケットと中にいる宇宙飛行士が地球からの重力で引っ張られていることを意味する．無重量状態が生じるのは，落下するエレベーター内の観測者の場合とまったく同じで，ロケットが地球の重力により自由落下しているからなのである．ロケットが落下しているにもかかわらず，地面に激突してしまわないのは，真っ直ぐに飛んで行こうとするロケットを引っ張って地球のまわりを周回させることに，地球の重力がいわば完全に費やされてしまうからである．そのため，地球を回りつつ，宇宙飛行士は「無重量で漂っている」のだ．

逆に，適当に加速させることによって「重力」を人工的につくり出すこともできる．例として，順調に航行中のロケット内で，とくにすることもないので仮眠をとることにした宇宙飛行士を想像しよう．彼女が寝ている間に，ロケットエンジンが作動したとする．起き上がった彼女は，自分が宇宙船の後ろ側に向かって引っ張られるのを感じるとともに，固定されていなかったものが後方へと漂っていくのを見るだろう．このとき，何が起こったと彼女は考えるだろうか．彼女

にはロケットエンジンの作動音が聞こえるだろうから，ロケットが加速しているという可能性に気づくだろう．しかし，もう1つの可能性がある．もし，彼女の寝ている間にロケットがある惑星に接近し，後方に位置するその惑星に対して相対的に静止した位置を維持するためだけにエンジンを作動させているとしたらどうだろうか．この場合，ロケットは加速せずに惑星に対して静止していることになり，ロケットのキャビンで生じた現象はすべて惑星の重力のためだということになる．

宇宙飛行士にとって，この2つの可能性，つまり (i) 宇宙空間での等加速度運動，(ii) 惑星の重力圏での静止状態，のどちらであるのかを区別することは不可能である．このことは，**弱い等価原理**による帰結である．この原理は，重力によって起きる運動と加速による運動とは区別ができず，等価である，というものである．したがって，弱い等価原理は，本質的に，自由落下の普遍性の別な表現であるといえる．

だが，なぜ，「弱い」という断り書きがつくのだろうか．それは，**強い等価原理**という，もう一歩踏み込んだ内容の等価原理があるからである．強い等価原理によると，すべての物理現象（運動に限らない）は重力下のものと加速状態のものとで等価である．

1つ注意しておかねばならないことがある．厳密にいえば，加速によるものなのか，それとも重力によるものなのかを区別することは可能である．図 13(a) には，エレベーターの中にいる人間が，両手にそれぞれ金づちと羽毛をもって腕

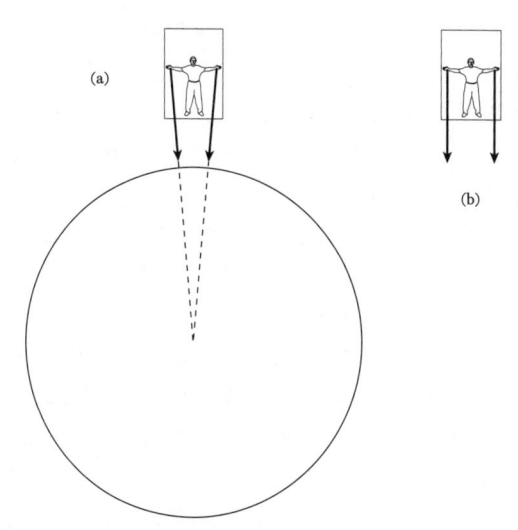

図13 (a)の場合，重力中を自由落下していく2物体の軌道は地球の中心に向かうため，わずかに角度をなしている．それに対し，重力ではなく加速度による(b)の場合は，2物体の軌道は平行になる．

を横に広げている様子が描かれている．重力の向きは物体の位置と地球の中心とを結ぶ方向となるが，金づちと羽毛は，地球の中心に対する相対的な位置が少しだけずれているため，それぞれに加わっている力の向きも少しだけずれてくる．そのため，2つの物体は地球の中心で一致する軌道に沿って落下していく．対照的に，観測者がどんな星からも重力を受けていない宇宙空間で加速運動をしている場合，図13(b)のように，手から離した2つの物体は，同一の点に向かったりせずに平行に落下していく．以上のように2つの物体を考えた場合，加速度と重力の向きは正確には一致しない．

第2部　一般相対性理論

したがって，エレベーターのケーブルが切れたとき，金づちと羽毛は，エレベーターに対して厳密な意味で相対的に静止し続けるのではなく，ごくわずかずつではあるがたがいに接近していくはずである．つまり，仮に地球の中心を貫くトンネルがあってエレベーターがその中を落ちていくのだとしたら，金づちと羽毛はどこかでぶつかることになるわけである．

このことは，等価原理（「強い」ほうも「弱い」ほうも）には注意書きが必要であることを意味する．加速による力（すなわち慣性力）と重力との等価性は，十分小さな領域において，かつ一定の測定精度の範囲内においてのみ適用できる．それより大きな領域や高い測定精度に対しては，ここで論じたようなずれが見られるようになるのである．また，測定にかかる時間が長くなりすぎないようにする必要もある．地球のまわりを回っている（つまり自由落下している）ロケットの内部で，少しだけ離れた高さで放たれた2つの物体は，軌道を何周か回っている間に少しずつ漂いながら離れていくであろう．なぜなら，重力の大きさは地球の中心からの距離の2乗に反比例しているため，高いところにある物体と低いところにある物体とでは，加わっている重力の大きさにわずかながら差が生じるためである．

もっとも，上で述べたことはあら探しのようなものである．重要なことは，ある状況における重力の影響を調べたいときに，加速による現象として考えたほうが都合よい場合には，等価原理からその置き換えが許されるという事実である．逆に，加速運動の効果を調べたいときに，それと等価な

重力で置き換えて考えてもよい．

等価原理は一般相対論の「産婆」に例えられることがあるが，等価原理そのものからは想像もできないほど深遠な内容をもつ理論が誕生したわけである．

加速度と重力が時間に与える影響

重力と加速度が時間に対してどのような影響を与えるかを調べるために，もう一度，ロケット内に置かれた光のパルス光源と標的を考えよう．今回は，光源がロケットの後端，標的が先端に置かれていて，光源は一定の時間間隔で次々に光のパルスを放っているとする（図14）．光のパルスが単位時間あたりに放たれる割合（すなわち振動数）をfとしよう[*12]．エンジンが作動していないときのロケットは慣性系とみなすことができる．この条件下では，パルスは，光源から放たれたときと同じ時間間隔，すなわち同じ単位時間あたりの回数（したがって同じ振動数f）で，標的に届くことになる．

さて，あるパルスが放たれた瞬間，エンジンが点火されてロケットは前方に向かって加速度aで加速運動を始めたとしよう．光源と標的の間の距離をhとすると，光のパルスが光源から出て標的に届くまでの時間は$t = h/c$となるが，その間にロケットの速さは

(*訳注12) 物理用語としてのfrequencyは振動数と訳されるが，frequencyそのものの意味は頻度や回数といった意味を含む広いものである．ここでは，脈拍のような一定の時間間隔でくり返される現象のように，光のパルスが単位時間あたりに光源から放射される回数をfで表している．振動数という言葉を使ってはいるが，光のパルスが「振動」しているわけではない．

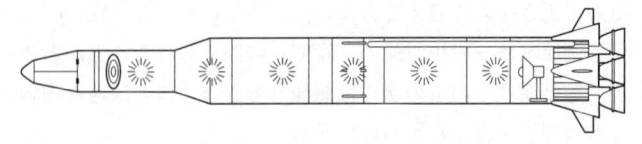

図14 ロケットの後端に置かれた光源が前方に置かれた標的に向かって一定の時間間隔でパルスを送り出している.

$$v = at = \frac{ah}{c}$$

になっている. 光のパルスを受けたときの標的の速さは, この速さの分だけパルスが出たときの光源よりも速くなっているわけである. 言い換えると, 標的はパルスを受けとるとき, 光源から相対的に速さ v で遠ざかっているのである.

ところで, よく知られているように, 走っている救急車のサイレンから出た音波や, 運動している光源から放出された光の波を受けとるとき, その振動数は放たれたときと異なっている. これが有名なドップラー効果である. 波源が遠ざかっていくときに受けとる波の振動数は低くなり, 向かってくるときは高くなる. 受けとる波の振動数を f', 波源から出たときの振動数を f とすると, ドップラー効果の公式は次のようになる.

$$f' = \frac{1}{1 \pm v/c} f \tag{8}$$

波源の速さ v が光の速さ c に近くなった場合, 波源が時間の遅れの影響を受けるので, 式(8)は修正する必要がある. しかし, (光のパルスがロケットの後端から先端に移動するわ

ずかな時間の加速でロケットが得た速さのような) 小さな v に対しては,式(8)が十分当てはまる.式を変形して,標的で観測された振動数と光源から出たときの振動数の差を求めると[*13],

$$f' - f = -\frac{v}{c}f$$

となる.この式に,$v = ah/c$ を代入すると,次式を得る.

$$f' - f = -\frac{ah}{c^2}f \tag{9}$$

この結果から,ロケットの先端で受けとられる単位時間あたりのパルスの数は,後端から送り出されたときの値よりも少なくなっていることがわかる.

同様にして,今度はパルス光源がロケットの先端,標的が後端に設置されている場合を考えると,遠ざかる代わりに光源は観測者に向かって運動することになり,それに応じて観測されるパルスの回数も光源から送り出されたときより増えることになる.

以上のことを前提にして,今度は加速度の影響を等価な重力場で置き換えた場合に何が起きるかを考えてみよう.発射

(*訳注 13) $|x|$ が1より十分小さいとき,

$$\frac{1}{1-x} = 1 + x + x^2 + \cdots\cdots$$

と展開できる.したがって v/c が小さいとき,

$$f' = \frac{1}{1 \pm v/c}f \approx \left(1 \mp \frac{v}{c}\right)f$$

と近似できる.

重力
↓

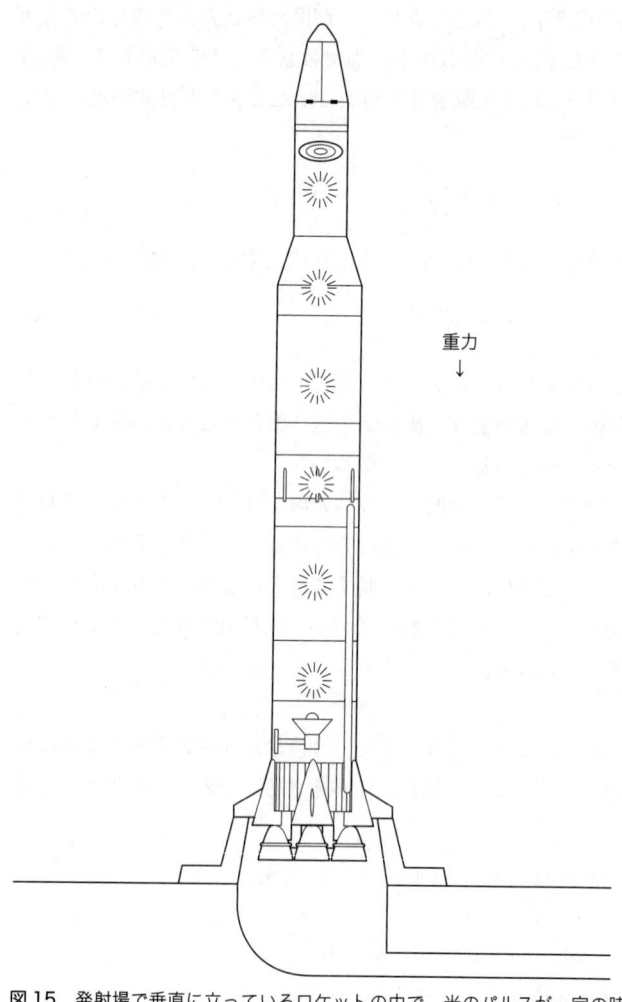

図15 発射場で垂直に立っているロケットの中で，光のパルスが一定の時間間隔で後端から先端へと送り出されている．

台に置かれ，地球の重力を受けているロケットがあるとする（図15）．そのロケットの後端の壁を床，先端の壁を天井とみなすことにしよう．そして，今回もまた床に置かれた光源から天井の標的に向かって，一定の時間間隔で光のパルスが送られているものとする．すでに加速系での状況がわかっているので，等価原理からただちに次の結論を得ることができる．すなわち，標的のそばにいる観測者が測定した単位時間あたりにパルスを受けとる回数は，光源のそばにいる観測者が測定した単位時間あたりにパルスを送り出す回数よりも少なくなっているはずである．一方，この現象を上端（標的のそば）から見ている観測者によると，標的がパルスを受けとった単位時間あたりの回数は，光源がパルスを送り出す割合と等しくなければならない．したがって，上端にいる観測者は，単位時間あたりにパルスを送り出す回数（したがって振動数）は，下端にいる観測者が主張する値よりも小さくなっているという結論に達する．この現象が**重力赤方偏移**とよばれるものである．ここに「赤方偏移」という言葉は，光のスペクトルでは青色側に対して赤色側の振動数が低いことになぞらえたもので，振動数が低いほうにずれることを表している．この現象の重要性は，パルス光源を時計の一種だと考えてみるとわかりやすい．すなわち，1秒ごとに1回パルスを送っていると考えると，**重力場の上方にいる観測者にとって，自分より下方にある時計はゆっくり動いているように観測される**ということだ．

同様に，今度は光源をロケットの上端，標的を下端に設置したとすると，再び等価原理から，下端で単位時間あたりに

パルスを受けとる回数は多くなって観測されるはずである（観測者に向かって加速運動をする光源から受けとる光の振動数が，ドップラー効果により高いほうにずれるのと等価である）．この現象を**重力青方偏移**とよぼう．

以上のことから，床側の時計のほうが天井側の時計よりもゆっくり進むということで，床にいる観測者と天井にいる観測者との意見が一致することになる．

上の結論は，第1部で相対運動における時間の遅れを論じたときに得た結論とは異なるタイプのものであることに注意したい．時間の遅れで論じたのは両者の相対運動が正確に対称的な状況であったため，両方の観測者とも相手の時計のほうが遅れると主張したのであった．それに対し，ここで考えてきた2人の観測者の状況は対称的ではない．重力場中での上方に誰がいて下方に誰がいるのかについて，両者の観測は一致しているからだ．

上で私たちが見いだしたことは，重力場中では下方にいるほど時間が遅れていくことである．この遅れによる振動数のずれの割合は，加速するロケットで求めたものと同じで，

$$\frac{f-f'}{f} \approx -\frac{gh}{c^2}$$

となる．ここに h は上方と下方の高さの差である．またロケットの加速度 a は，等価な一様重力場中での加速度 g に置き換えてある．

アインシュタインが重力場中での振動数のずれを予言した

のは 1911 年のことであった．重力赤方偏移を示す最初の観測データは，白色矮星からくる光の振動数分布から得られた．白色矮星はきわめてコンパクトな星で，太陽と同程度の質量をもつにもかかわらず大きさは 100 分の 1 程度しかないため，星表面での重力がとても強くなっている．1960 年代には，プリンストン大学の観測チームが，太陽からくる光の振動数のずれを観測することに成功している．

しかし，天体観測によるもっともドラマティックな検証結果は，中性子星に関するものである．中性子星は太陽の 1.4 倍程度の質量をもつにもかかわらず半径が 10 km ほどしかないため，星表面での重力はきわめて大きな値となる．2002 年に欧州宇宙機関は，中性子星から放射され，数 cm の厚さしかない中性子星の大気を通り抜けてきた X 線の振動数のずれを，XMM ニュートン天体望遠鏡で観測した．観測された振動数のずれは 35％にも達した．

1960 年にロバート・パウンドとグレン・レブカは，きわめて正確に振動数を測定できる方法を用いて，22.5 m の高さの塔を上下するガンマ線の振動数を測定し，振動数のずれを検証した．先に導いた式に $g = 9.81$ m/s^2, $h = 22.5$ m, $c = 3\times10^8$ m/s を代入すると，振動数のずれの割合は -2.5×10^{-15} にすぎないことが計算できる．それにもかかわらず，この小さなずれは 1％の精度で確かめられた．

重力による振動数のずれの効果は，原子時計を搭載した飛行機を高い高度で飛行させる実験でも確かめられた．以前に，特殊相対論的な時間の遅れの公式が飛行機を用いて確か

められたことに触れたが，実際の状況はそこで言及したものよりもずっと複雑である．なぜなら，地表に置かれた時計に対して飛行機内の時計が相対的に運動していることからくる影響だけでなく，ここで見てきたように，さらに地表の時計に対して飛行機内の時計が高い場所にあることからくる影響も同時にはたらくからである．両者の影響の大きさは同程度であり，きちんと分けて考えなければならない．

実際には，1971年に2人の実験研究者J. C. ヘイフリとR. E. キーティングが，東回りと西回りにそれぞれ時計を積んだ飛行機を世界一周させ，これらの時計の読みを米国海軍観測所の時計と比べた．2機の飛行機は地表に対して同じ速さで飛行したが，地球の自転による速さが加わるため，地球の中心に静止している観測者から見た場合の飛行速度が異なってくる．また，地表の時計も自転のため慣性系の観測者に対して相対的に運動していることになり，その速さは2機の飛行機の速さの中間の値となる．飛行高度と速さは，飛行機が世界一周をしている間ずっと記録された．この記録を用いれば，それぞれの飛行機に置かれた時計が，地表の時計に対してどれだけ遅れたり早くなったりするかを計算することができる．

計算によると，東回りの時計は重力青方偏移によって144±14ナノ秒だけ進むが，時間の遅れによって184±14ナノ秒だけ遅れるため，結果的に40±23ナノ秒だけ遅れることが理論的に期待される．実験結果は59±10ナノ秒であった．一方，西に向かった時計は重力で179±18ナノ秒だけ進み，さらに時間の遅れによっても96±10ナノ秒進むので，合計

275±21 ナノ秒だけ進むと計算されるが，この値も 273±7 ナノ秒進んだという実験結果とよく一致した．

1976 年に重力青方偏移に関するさらなる検証が，高度 1 万 km を飛行するロケットで行われた．特殊相対論的な時間の遅れの影響を補正した後で，実験結果と理論値とは 2×10^{-4} の精度で一致した．

以上から，重力が時間に与える効果は十分に実証されているといえよう．上の階のほうが下の階よりも時間は速く進むのである．しかし，「アイロンがけのような退屈な仕事を早く終わらせるには上の階に行けばいいのだ」と早合点する前に，速く進むのは時計だけでなく時間そのものであることを思い出してもらいたい．このことは，上の階では人間の思考も同様に速く進むことを意味する．結局，あなたにとって退屈な仕事を終えるまでにかかる時間は同じになるだろう．また，上のほうにいるとあなたは速く年をとり早く死んでしまうことにも注意しておこう．ただし，もちろんだが，この効果は無視できるほどに小さいということを忘れてはならない．スノードン山[*訳注14] に登って山頂のカフェでお茶を飲んだとしても，その間にずれる時間は海抜 0 m でお茶を飲んだ場合の $1/10^{13}$ にすぎないのである．

重力赤方偏移はいつでも小さいわけではない．後でみるように，ブラックホールの重力はきわめて強いため，時間の流れを止めてしまうのである．

(*訳注 14) 英国ウェールズ州北西部にあるウェールズ最高峰の山で，標高は 1085 m である．

双子のパラドックス再考

加速度や重力が時計の進みに影響を及ぼすという観点から,双子のパラドックスを見直してみよう.
「時間の遅れ」の節で,2つの時計をあいまいさなく比較するために,双子の1人が遠方の惑星に到着した後,ロケットを反転させて基地に戻ってくるという状況を考えた.ロケットを反転させるにはエンジンを作動させる必要があり,その間,宇宙飛行士は加速運動をしていたことになる.一方,ロケットが加速運動をしている間,管制官は何も感じない.この点で宇宙飛行士と管制官とが対等という条件は破れている.つまり,ずっと慣性系にとどまっているという条件を満たしていたのは管制官だけなのである.結局,管制官の計算だけが正しいのであって,管制官は自分よりも年をとっていない宇宙飛行士と再会することになる.

地球と惑星との距離を h,ロケットの速さを v とすると,管制官の時計で測定された往復宇宙旅行の時間 t_c は

$$t_c = \frac{2h}{v} \tag{10}$$

である.一方,管制官から見た宇宙飛行士の時計の読み t_a は,時間の遅れの影響を受けているので

$$t_a = \frac{2h\sqrt{1-v^2/c^2}}{v} \tag{11}$$

となる.

この管制官の計算結果に宇宙飛行士は同意するが，その根拠は別なところにある．彼女によると，地球と惑星の距離は因子$\sqrt{1-v^2/c^2}$だけ収縮しているために，彼女の時計で測った時間が短縮されているのである．

　問題は，どうすれば，宇宙飛行士が地球に戻ったときの管制官の時計の読みを，宇宙飛行士の立場で計算できるかである．宇宙飛行士は，地球と管制官は速さvで彼女に対して相対的に運動しているから，管制官の時計は遅れるはずだと考えるだろう．実際，この点について彼女は正しい．等速直線運動をしている区間では，管制官と同様に宇宙飛行士も慣性系にいることになるため，管制官の時計のほうが自分の時計よりもゆっくり動くのは事実なのである（ただし，行き先の惑星の重力は無視できるとする）．だが，エンジンが作動しロケットが減速していく区間ではどうだろうか．もはや彼女は慣性系にいることにはならない．また，このロケットの減速についての見方を変えると，ロケットが地球の向きに加速されていることにもなる．減速を続けたロケットはやがていったん静止した後，今度は地球の向きに速さがvになるまで加速していくが，この間の加速度の向きはつねに同じで，地球を向いている．

　これまで，加速度のつくり出す効果は重力場がつくり出す効果と同じであることをみてきた．この等価性を用いて，ロケットの加速度を，ロケットが向かった惑星から管制官のいる地球まで広がった仮想的な一定の重力場で置き換えてみよう．式(9)すなわち$f'-f\approx -fgh/c^2$は，重力場g中でhだけ

下方にある光源から出た光を受けとったときの振動数のずれ $f'-f$ を与えている．これは重力赤方偏移である．光源が重力場中の上側にある場合は，式(9)のマイナスのとれた重力青方偏移の式になる．この関係式は光の振動数についてだけ成り立つのではなく，同じ位置に置かれた時計の進み具合についても同様に成り立つ．いまの場合，管制官の時計は観測者（宇宙飛行士）よりも重力場内での上側に位置することになるから，宇宙飛行士は管制官の時間が速く進んでいると結論する．したがって宇宙飛行士は，自分の時計よりも管制官の時計のほうが加速している間は速く動くと考えることになる．

加速運動にともなうこの時間の進みはとても大きく，ロケットエンジンを停止させて巡航し始めるまでに，管制官の時計は遅れるどころか宇宙飛行士の時計よりもずっと進んでしまう．一定速度で地球へと戻ってくる間は，特殊相対論による時間の遅れによって，宇宙飛行士から見た管制官の時計は再び彼女の時計よりも遅れていく．その結果，帰路の間に彼女の時計は管制官の時計に追いつくように進んでいくのだが，ロケットが加速運動しているときの管制官の時計の進みがそれを上回っている．このため，ロケットが地球に帰還したとき，管制官の時計のほうが宇宙飛行士の時計よりも進んでいるのである．言い換えると，地球にいた双子のほうが年をとっていることになるが，これはもちろん，もう1人の双子の結論と一致している．つまり，パラドックスなど存在しないわけである．

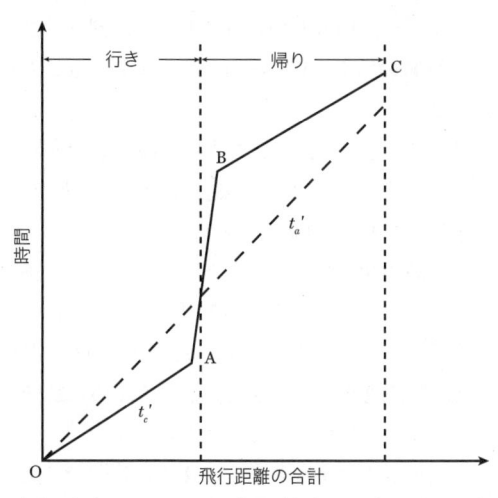

図16 宇宙飛行士から見たときの自分（宇宙飛行士）の時計の読み t_a'（破線）と管制官の時計の読み t_c'（実線）との比較.

図16は，宇宙飛行士から見た宇宙旅行中の2つの時計の読み t_a' と t_c' をグラフ化したものである．点Oで地球からスタートしたロケットが点Aで惑星付近に到着したとき，t_c' は t_a' よりも遅れている．ロケットエンジンが作動して加速状態にある区間ABでは，t_c' は t_a' よりも進む．区間BCでは，時計の読みの差は縮まっていくが，最終的に点Cにおいて t_c' は t_a' よりも進んでいることになる．

次のような疑問を抱く人がいるかもしれない．もしロケットがもっと遠くへ，たとえば10倍も遠い所に向かうとしたら，時間のずれも10倍になるだろう．でも，折り返し地点で速度 v の向きを反転させるのに必要な加速運動はまったく

同じでいいはずだ．いったいどうやったら，同一の加速運動によって管制官の時計の読みを10倍も進ませることができるのだろう？

答えは式(9)を見るとわかるように，振動数のずれが距離hに比例しているという点にある．すなわち，hを10倍にすれば振動数のずれも10倍になるのである．

一方，反転時の加速度の大きさがどれくらいかを論じなかったことが気になっている人もいるだろう．じつは，この点もやはり影響しない．私たちが用いた式$v = gT$において，gは加速度，Tは速度をvだけ変化させるために加速していた時間を表している．同じだけの速度の変化をつくりだすためには，加速度が半分になれば，加速する時間を2倍にしなければならないことになる．式(9)から，gの値が半分になれば，振動数のずれ（したがって時計のずれ）も半分になることがわかる．しかし加速する時間（したがって時計の進みが生じている時間）も2倍になるため，結果的に時計の読みの変化は加速度の値を変えても前と同じになるのだ．

いままで述べてきたことをドップラー効果の式を用いて定量的に示すことは難しくない．（本節の残りではこのことを示すが，興味のない読者は飛ばして次の節に行っても構わない．）

管制官の時計は1秒間に1回の割合（管制官から見て）で光のパルスを発生しているとしよう．宇宙飛行士は管制官の時計が送り出しているパルスの数を数えることによって，管制官の時計の時刻を知ることができるとする．

地球に帰還するまでに，宇宙飛行士は何個のパルスを受けとることになるだろうか．

すでに示したように，速さ v で進んでいる光源から出た振動数 f の光を受けとるときの振動数 f' は

$$f' = \frac{1}{1 \pm v/c} f$$

で与えられる（式(8)）．速さが光に近づいた場合は，運動している光源に対する時間の遅れをとり入れた形に式を修正しなければならず

$$f' = \frac{\sqrt{1 - v^2/c^2}}{1 \pm v/c} f$$

となることが知られている．この式を変形すると，

$$f' = \frac{\sqrt{1 - v/c}\sqrt{1 + v/c}}{1 \pm v/c} f$$

となる．この式より，光源が観測者から遠ざかる場合は

$$f' = \sqrt{\frac{1 - v/c}{1 + v/c}} f \tag{12a}$$

となり，観測者に近づいてくる場合は

$$f' = \sqrt{\frac{1 + v/c}{1 - v/c}} f \tag{12b}$$

となることがわかる．

一方，式(11)より，宇宙飛行士にとって「行き」に要する時間は $t_a/2 = h\sqrt{1 - v^2/c^2}/v$ となる．「行き」の間に受けとるパルスの数 n_o は，受けとったパルスの振動数（式(12a)）に時間 $t_a/2$ を掛けたものだから，

$$n_o = f'\left(\frac{t_a}{2}\right) = \sqrt{\frac{1-v/c}{1+v/c}} f \times \frac{h\sqrt{1-v^2/c^2}}{v}$$

つまり

$$n_o = \frac{fh(1-v/c)}{v}$$

となる．同様に，「帰り」に受けとるパルスの数 n_r は，受けとったパルスの振動数（式(12b)）に時間 $t_a/2$ を掛けたものとなり

$$n_r = f'\left(\frac{t_a}{2}\right) = \sqrt{\frac{1+v/c}{1-v/c}} f \times \frac{h\sqrt{1-v^2/c^2}}{v}$$

つまり

$$n_r = \frac{fh(1+v/c)}{v}$$

となる．したがって往復で受けとるパルスの総数 n は次のようになる．

$$n = n_o + n_r = \frac{fh(1-v/c)}{v} + \frac{fh(1+v/c)}{v} = \frac{2fh}{v}$$

ここで振動数 f を1秒間あたり1回とすれば，管制官の時計の読みは $2h/v$ であることになる．

この結果は，式(10)で示した管制官による計算結果と一致している．このようにして宇宙飛行士は，自分の時計より管制官の時計がどれだけ進んでいるかをあらかじめ計算することができるわけである．

光の湾曲

これまで私たちは，等価原理にもとづきながら，金づちと

羽毛のようにまったく異なる物体の運動に対して，加速度と重力がどのようにして等価な影響を与えるのかをみてきた．では，光線の運動に対してはどのような影響があるだろうか？　光は直進すると私たちは思っているが，このことは重力場内や加速系においても成り立つのだろうか？

　この問題を調べるため，もう一度，光のパルス光源と標的を乗せたロケットでの実験を考えてみよう．今回は，特殊相対論で最初に考えた思考実験とまったく同じ配置で光源と標的が置かれているものとする．つまり，光線はロケットの進行方向と垂直に送り出されるものとする．

　ロケットがあらゆる重力源から遠くに位置して静止していると考えられる場合か，自由落下していると考えられる場合には，ロケットは慣性系となっている．この状況下では，予想通りに光線は標的に向かって直進する（図17(a)）．

　しかし，パルスが光源を出た瞬間，エンジンが点火されてロケットが前方に加速し始めたとしたらどうなるだろうか？管制官から見るかぎり，光のパルスは前とまったく同じ向きに同じ軌道を直進していく．だが，光が反対側の壁に到達するまでにロケットは前進しているため，標的の位置も前方へずれてしまっている．言い換えると，標的の位置よりも後方に光が当たるのを管制官は見ることになる．

　一方，宇宙飛行士にとってはどのように見えるのだろうか．図17(b)に示したように，標的をめがけて送り出されたパルスは標的より下側（後方）の壁に当たるので，直線軌道

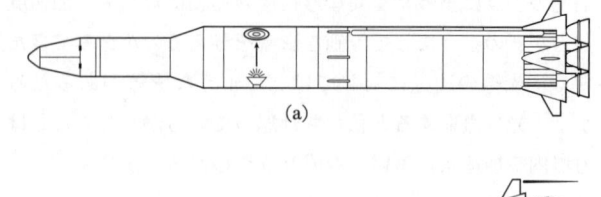

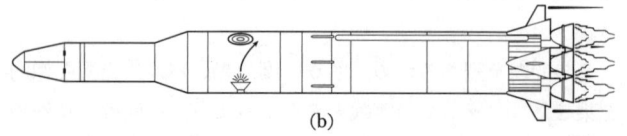

図17 自由落下中のロケット(a)では，横向きに送り出された光のパルスはロケットを横切るように直進して反対側の壁の標的に命中する．加速運動をしているロケット(b)では，宇宙飛行士から見たパルスは曲がった軌道を描いて標的よりも後方に当たる．

からずれた曲線に沿って進むように観測されるはずである．

ここで加速運動を等価な重力場で置き換えて考えてみることにすると，ロケットの後端の壁は「床」，先端は「天井」とみなされることになり，標的に向かって投げた物体が落下するのと同じように，光のパルスが床に向かってあたかも落下したように宇宙飛行士には観測されるだろう．

この考察から，重力場中の光線は曲がった軌道を描くことがわかる．光は曲げられるのである．実際，このことは第一次世界大戦のまっただ中の1915年にベルリンで研究していたアインシュタインによって予言された．このニュースはドイツを出て，ケンブリッジを拠点にしていた英国の科学者アーサー・エディントンの耳にまで届いた．戦争が終わって6か月たった1919年の5月に，エディントンはアインシュタインの理論が正しかったことを証明したのだが，それは歴史

上もっとも有名な実験の1つに数えられている．

その実験のアイデアは，次のようなものである．まず，夜空のある領域に見えている星の普段の位置を記録する．次に，その領域に太陽が入ったときの星の位置を測定した．この場合，星の光は地球に届くまでに太陽のそばを，したがって太陽の重力場が強い空間を通過してこなければならないことになる．すると星の光は曲げられ，地球では本来の方角からずれた向きから光がやってきたように観測されるだろう．その結果，図18のように，星はいつもの場所からずれた位置にあるかのように見えるはずである．もちろん，この観測を行うときに問題となるのは，太陽の明るさが邪魔をして星を見ることができなくなることである．この理由から，観測は皆既日食のときに実施されたのであった．予言されたずれはきわめて小さく，角度にして1.75秒（1万分の1°の数倍程度）未満の大きさであった．それでもエディントンはこの予言を検証するのに成功したのである．

上記およびその後の日食遠征隊による観測精度は20%が限界であった．しかし，1989年から1993年の期間に，欧州宇宙機構の人工衛星ヒッパルコスは星の位置を高精度で測定することに成功した．地球大気の外側からの測定のため，日食を待つ必要もなく星はいつでも見ることができ，光の湾曲が0.7%の精度で確かめられた．地球上での観測では，重力の影響が最大で湾曲の効果がもっとも顕著になるようにするために，太陽の縁ぎりぎりをかすめてやってくる星の光しか測定対象にできないのに対し，ヒッパルコスは太陽に対して

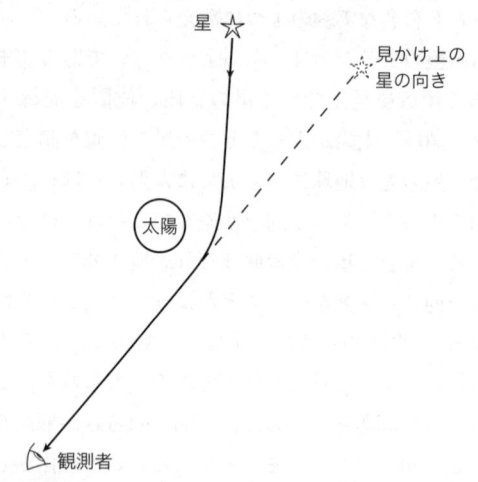

図18 遠方の星から出た光の道筋は，太陽のそばを通過するときに変化する．観測者に届いた光は別な方角から来たように観測され，したがって星の位置も変化したように見える．

90°の位置にある星からの光の湾曲さえも検出できたのである．

光の湾曲は，**重力レンズ**という興味深い現象を引き起こす．太陽だけでなく1つの銀河や銀河団のつくる重力も，それらのさらに遠く後方で輝く物体から私たちに届く光を，曲げたりゆがめたりする源となるのである．1979年，双子のようによく似た2つのクェーサーが接近した場所に発見された（クェーサーとは，遠くにある大質量で初期型の銀河内に観測される，きわめて明るい光源である）．やがてそれらは，同一のクェーサーが2つになって見えている像であることが

判明した．そのクェーサーから来た光は，地球とクェーサーを結ぶ直線上にある銀河によってゆがめられていたのである．つまり，中間にあった銀河はある種のレンズとして作用し，クェーサーからの光を曲げたのである．

もし光源，レンズ役の銀河，そして地球が正確に一直線上にあったならば，光源からの光は銀河のまわりで一様に曲げられるため，リング状に像をつくりだすだろう．これはしばしばアインシュタインリングとよばれる．もちろんこれは理想的な場合である．実際には上の3者が同一直線状になかったり，銀河が球対称でなかったりするために，ゆがんだ像や多重の像となって観測されるのが普通である．これは強い重力レンズ効果とよばれていて，今日までに100を超す例が観測されている．

別なタイプの重力レンズとして，マイクロレンズ効果がある．これは，2つの星が同一直線上に並んだとき，遠い星からの光に対して近くの星が重力レンズとして作用する現象である．この場合，遠方の星が手前の星と同一の視線上に来たとき，手前の星が虫めがねの役割をして，後方の星からの光がしばらくの間，急に輝いて見えるのである．実際，2004年には，この「虫めがね」効果によって，遠方の星が木星の1.5倍の大きさの惑星をもっていることが発見された．これは，マイクロレンズ効果による太陽系外惑星の最初の発見例である．

話は変わるが，アインシュタインよりずっと前に，まったく異なる立場からニュートンが重力場による光の湾曲を予言

していたことは注目に値する．ニュートンの考えは，光が速さcで進む小さな粒子の流れからできているという，光の粒子説にもとづいていた．光の粒子説によると，光の粒子は太陽に引きつけられるために曲がって進むことになる．しかしながら，この説にもとづいて計算した角度のずれは，アインシュタインが予言した値，すなわち観測で確かめられた値の半分にしかならないことがわかっている．このことだけでなく，ニュートンによる光の粒子説には光の空間内の挙動を説明する波動理論と整合しないという根本的な問題をかかえていた．

曲がった空間

アインシュタインが，光をほかの粒子のように重力によって曲げられる粒子の流れとみなしていなかったとしたら，いったいどのような物理的描像によって，彼はこの現象を理解したのであろうか？

金づちと羽根を落下させる運動に立ち返って考えよう．質量の異なるこれら2物体を正確に同じ加速度で地面に向けて運動させるには，地球は2物体に対して異なる大きさの重力で引っ張らなければならないのであった．このことは，重力はどのようにして異なる物体が同じ加速度で落下するような力の大きさを知ることができるのか，そもそもなぜ重力は物体を同じように運動させたいのか，という疑問につながった．

宇宙飛行士が船外活動をしているときにも同じことがいえ

る．エンジンを切ったロケットが地球のまわりを回っている状況，つまり自由落下している状況を考えよう．宇宙飛行士は外に出て，ロケットの横を漂っているとする．このとき，彼女もロケットとほぼ同じ軌道で地球のまわりを回っているわけである．この場合も，地球の重力は，宇宙飛行士とロケットというきわめて異なる2物体にまったく同じ運動をさせていることになる．宇宙遊泳している人とロケットは，重力によって垂直に引っ張られているために，等速直線運動の代わりに同一の曲がった軌道上を運動しているのだ．

　上の疑問に対するアインシュタインの答えは，重力が存在する場合，物体の「自然な」運動は，静止または等速直線運動を続けることでは**ない**，というものであった．地球のような重力源の近辺では，空間自身がゆがむのではないかとアインシュタインは考えたのである．そして，地球を回る宇宙飛行士やロケットの軌道をはじめ，あらゆる物体の軌道は，空間の曲がりに沿って進む自然な軌道なのだと考えたのである．

　この状況を頭に描く1つの方法は，バンク（傾斜）のついたレース場のトラック（コース）を想像することである．このようなトラックでは，コーナーにつけられたバンクに誘導されるようにしてクルマが曲がっていくので，どんなクルマでもほとんどハンドルを操作することなく周回することができる．直線軌道を進み続けることがもはやクルマにとって「自然な」運動とはならないように，レース場のトラックはゆがんでいる（曲がっている）ともいえるだろう．トラックの形状が自然な運動の向きを決めてくれるので，ハンドルに

よってクルマの運動方向を曲げるための力を発生させる必要はもはやないのである．

　要するに，アインシュタインの言ったことは，宇宙飛行士とロケットが地球のまわりを回り続ける原因として，重力といった力を引き合いに出す必要はないということである．異なる質量の2物体に同一の軌道をとらせるために微調整する必要のある力など，はじめから存在しないのだ．ただたんに，同じ位置と同じ速度をもってスタートしたすべての物体が描く単一の自然な軌道に沿って，宇宙飛行士もロケットもともに進んでいるにすぎないわけである．すなわち，アインシュタインは，重力を，**曲がった空間**というまったく新しい概念に置き換えてしまったのである．

　この考え方自体は単純である．ただし，曲がった空間という考えを受け入れられるならば，という条件つきだ．曲がった空間という考えを受け入れることは，空間とは「無」の代名詞だという考えをもっている人にとっては困難であろう．いったいどうすれば「無」が曲がるというのだ？

　物理学者の答えは，空間は無ではなく，なめらかで一様な連続体とみなされる，というものである．荒っぽくいえば，空間は非常に薄いゼリーのようなものである．後にビッグバン宇宙論に関連して説明するが，すべての銀河団はおたがいから離れ去るように進んでいる．この現象は，何もなかった空虚な空間に向かって銀河団が広がっているのではない．広がっていくのは空間それ自体であって，銀河は空間の広がりに運ばれるようにして移動しているにすぎない．量子物理を学ぶとわかるが，空間には「仮想的」な素粒子[*15]がいっぱ

いに詰まっている．そして，時々，そのなかの一部がわずかな時間だけ実在の粒子となって飛び出してくると考えられている．また，実在の電子の近くでは，その電子が帯びている電荷によって仮想電子の電荷に斥力が及ぼされ，実在の電子の周囲にある仮想電子が遠ざけられるという現象も生じている．

　上で述べた，空間は無ではなく（何らかの）「もの」であるという観点からすると，ものは適当にゆがめたり曲げたりできるのだから，自然な軌道が必ずしも直線でなくてもよいという考え方がもっともらしく思えてくるだろう．また，そういった空間の曲がりによる影響は，光を含め，曲がった領域を通過するすべての物体に及ぼされるだろう．以前に光の湾曲の観測について述べたとき，光は重力によって太陽から引力を受けるようにして曲がるかのように考えた．しかし，空間が曲がっているという新しい解釈にもとづくと，図18は図19のような表現に置き換えて考えたほうがよいということになる．

　曲がった空間という考え方自体は新しいものではない．2次元の曲がった空間はよく知られている．まず，平らな紙面のような2次元空間を考えよう．そういった平面上では，円

（＊訳注15）エネルギーと運動量の保存則を守って運動している実在の素粒子に対し，保存則を満たしていない素粒子を仮想粒子という．不確定性原理という量子力学の基本原理のおかげで，仮想粒子でも短時間ならエネルギー保存則を破って存在できる．

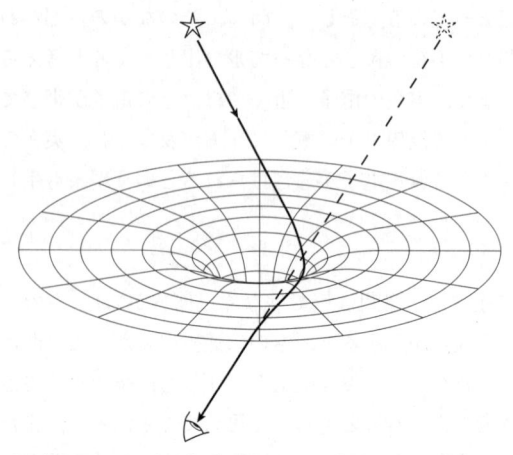

図19 遠方の星からの光が曲げられるのは，太陽によって空間が曲げられたためだと解釈できる．

周の長さ C は次の式で与えられる．

$$C = 2\pi r$$

ここで r は円の半径である．また，三角形の内角の和は $180°$ になる．しかし，表面の中には球の表面のような，平らでない面もある．球面は曲がった2次元空間で，そこでの幾何学は平面上の幾何学とはかけ離れたものになっている．図20で赤道を球面上の円とみなしたとき，その円の中心に当たるのは北極 P である（2次元の表面上だけを考えているのだから，球の中心が赤道円の中心とはならない）．この面上で直線に相当する線は，2点間を最短距離で結ぶ線（2点間をピンと伸ばしたゴムひもで結んだときの道筋）となる．したがって，球面での「直線」は大円上の弧になる．だとすると，

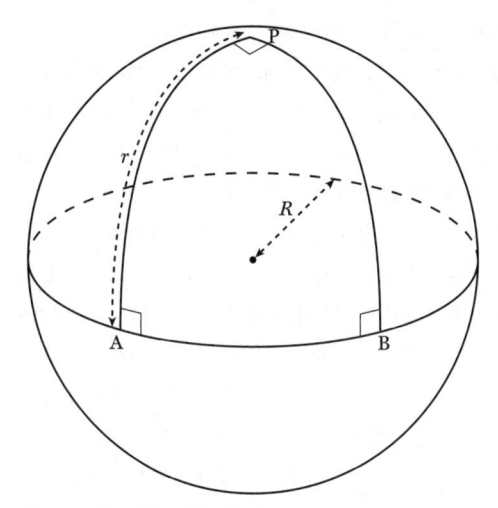

図20 球の表面の幾何学は平らな面のものとは異なる．

球面という2次元面において赤道円の半径 r は PA ということになる（球の中心からの半径 R ではない）．赤道は球面を1周する大円だが，赤道のような大円の球面上での半径は，大円の4分の1の長さになる．つまり，大円の円周の長さと半径の関係は，次式のようになる．

$C = 4r$

このことから，球面上の円周の長さは $2\pi r$ よりも短くなることがわかるだろう．

円だけでなく三角形も曲面の幾何学によって影響を受ける．図20の PAB は交わる3本の「直線」によってつくられた三角形である．この三角形の内角の和は，直角3つ分の

270°であり，通常の180°になっていない．

球面は曲がった2次元空間の単なる一例に過ぎない．別な例として，あん馬型に曲がった2次元空間を図21に示す．この曲面上では，三角形の内角の和は180°よりも小さくなり，円周の長さは$2\pi r$よりも長くなる．

上では，球面やあん馬型といった曲面全体の大きさと同程度の大きさの円や三角形を考えていたことに注意しよう．もしずっと小さな円や三角形を考えたならば，上とは違った結果を得たはずである．曲面であってもきわめて小さな範囲だけを考えるならば，そこはほぼ平面とみなせるようになり，平面の幾何学が近似的に成り立つようになる．そして考える範囲が小さくなればなるほど，近似の精度はよくなっていく．

上で学んだことは，曲がった2次元空間においては平面のユークリッド幾何学[*訳注16]と異なる結果を得るが，考えている図形の大きさが小さくなればなるほどその図形の性質は平らな場合に近づいていくということである．この結果は，これから曲がった3次元空間とは何かを考えるときに引き続き利用していくことになる．

最初に断っておかなければならないが，曲がった3次元空間を視覚化することは不可能である．2次元空間の曲がり具

（＊訳注16）三角形の内角の和が180°となるような幾何学をユークリッド幾何学という．また，ユークリッド幾何学が成り立っている空間をユークリッド空間という．

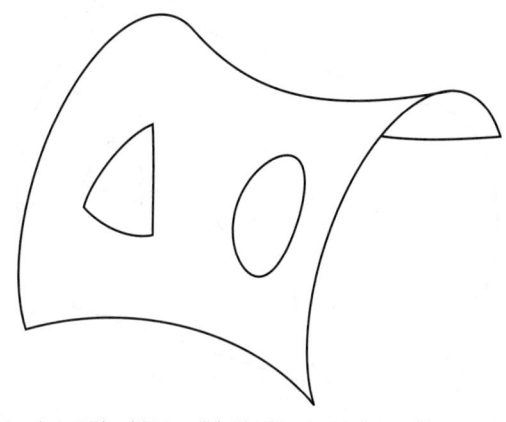

図21 あん馬型の表面も，幾何学が平らな面と異なる例の1つである．

合は，3番目の次元を利用すれば簡単に視覚化できた．しかし，3次元空間の「曲がり」を収容するために必要な第4の空間次元がどこにあるというのだろうか．

実際のところ，視覚化は誤解を招くおそれがある．図22の表面を見てみよう．この面は曲がっているといえるだろうか．ある意味では，明らかにその通りである．これは円柱であって平面ではないからだ．しかし，見かけは誤解を招きやすいものである．幾何学という点に関するかぎり，円柱は平面とまったく同じ性質をもっている．実際，円柱は平らな紙を丸めることによってつくることができる（対照的に，球面やあん馬型の面は平らな紙をどのように曲げてもつくることはできない）．平らな紙に円や三角形を描いてから丸めて円柱にしても，描かれた円や三角形の幾何学的性質は何も変わらない．

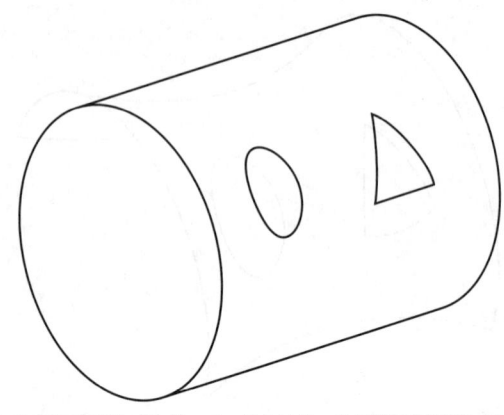

図 22 円筒の表面は「曲がって」見えるが,その幾何学は平らな面と同じである.

　そういうわけで,曲がった空間を視覚化することはあきらめよう.その代わり,ある空間**内**の幾何学がユークリッド空間の幾何学と異なっている場合,その空間は曲がっていると定義することにしよう.結局のところ,球面やあん馬型の面を這いずり回っている虫にとって,自分のいる面が曲がっていると結論するのに空を飛ぶ鳥から見た全体像は必要ない.その面上の三角形や円を測定するだけで,虫は自分のいる面が曲がっていることを結論することができるからである.そしてこれこそが,3次元空間の外から全体像を眺めるといった方法ではなく,空間内部での測定によって3次元空間の幾何学を探る手段となるのである.

　光の湾曲に関する実験や,周回軌道にあるロケットと宇宙

遊泳中の宇宙飛行士の例から，すでに地球，太陽，銀河といったスケールで空間が曲がることを私たちは見てきた．これらは広大な面に散らばった小さなへこみのようなもので，これらを寄せ集めることで空間の全体像を知ることができる．だが，これらのへこみがつけられた表面の全体像は，果たして平面なのか，球面なのか，あん馬型なのか，それとも別な何かなのだろうか．この問題は，後で宇宙を一般的に論じるときに立ち戻ることにしよう．

以前に，重力源の存在が時間にどのような影響を与えるかを調べたが（重力赤方偏移），いまやそれは空間にも影響を与えることがわかった．特殊相対論で空間と時間が4次元時空をなしているという結論に達したことに留意するならば，ここでも空間だけを曲がったものとして考えるのではなく，**曲がった時空**というものを考えねばならないという結論に達するであろう．3つの空間座標と時間座標を合わせた4次元時空全体が，重力源の存在によって影響を受けるのである．

また，曲がった時空内での「自然な軌道」に沿った物体の運動についても述べた．このような軌道は，**測地線**という用語でよばれている．測地線とは，自由落下している物体，すなわち電気や磁気の影響といった重力以外の力を受けていない物体の描く軌道である（重力の効果はすでに時空の湾曲としてとり入れられている）．言い換えると，通常のユークリッド幾何学や特殊相対論における直線の役割を，一般相対論では測地線が担うのである．すなわち，星からの光が太陽の

周辺で曲がるとき,それは測地線に沿って曲がっているというわけである.

測地線を決定づける特徴とは何だろうか.3次元ユークリッド空間の測地線は直線で,これは2点間を最短距離で結ぶ軌道として定義される.同様に,時空での測地線とは,2つの事象間を固有時が最大となるように結ぶ軌道として定義される.ここで固有時とは,2つの時空点の間を物体と一緒になって運動する時計に記録される時間のことである.

図23で,もう一度,双子のパラドックスについて考えよう.図は管制官から見た状況を表している.時空点Oで宇宙飛行士は地球から出発し,Pで目的地の惑星に着き,Qで地球に戻ってきたとする.この間ずっと管制官は静止しているので,世界線は線分OQである.2人が再会したとき,管制官の時計のほうが宇宙飛行士の時計よりも進んでいることはすでに学んだ.言い換えると,管制官の固有時のほうが大きいことになる.これは一般的な事実である.たとえ宇宙飛行士がOとQを結ぶどのような世界線(たとえば図のSを通る曲線)を描いたとしても,彼女の時計はつねに管制官のものよりも遅れるのである.宇宙飛行士の世界線は,管制官よりも小さい固有時になるという特徴をもつ.

管制官の世界線の何がそれほどまでに特別で,固有時を最大にしているだろうか.それは彼だけが最初から最後まで慣性系にいるからだ.つまり,彼は自由落下に対応する世界線を描いていて,それはOとQという2つの事象を結ぶ測地線に一致しているのである.

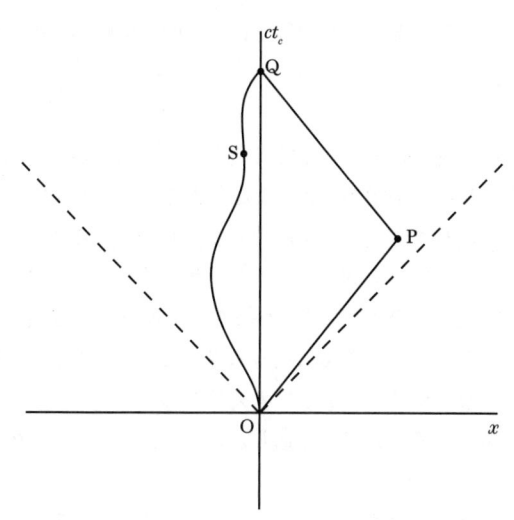

図23 「双子のパラドックス」における双子の世界線.

　ところで,「固有」時という用語はやや不適切で考え違いを招くおそれがある. 固有時こそが真の時間で, ほかの時間は正確なものではないというわけではない. 最初に長さと時間の相対性を述べたときからくり返し強調してきたことだが, 距離や時間のあらゆる値は観測者の視点と結びついている. 観測者の座標系と無関係な, 客観的な距離や時間, つまり唯一の距離や時間とみなせるものは存在しないのである.

　もう1つ注意しなければならないことがある. 測地線は重力の影響を考察するなかで導入されたが, 測地線という考え方そのものは一般的で, 重力のない場合でも用いることができる.「固有時が最大」を一方で用い,「2点間の最短距離」を他方で用いるというわけではない. 重力がない場合, 固有

時が最大になるような測地線では，空間の距離が最小になっている．

　一般相対論の核心は，空間の曲がり方を物質が定め，物質の運動の仕方を空間が定めることにある．もはや空間は，物質や光といった俳優たちが演技するための単なるステージではない．空間自体も俳優としてドラマを演じているのだ．

　「重力による運動を曲がった時空での運動に置き換えるのも結構だが，これはたんに見方の違いといったものにすぎないのではないか？」と読者は考えるかもしれない．ニュートン流の重力の考え方で押し通したければ，そうできるのではないだろうか？

　じつのところ日常的な状況では，きわめて満足できる精度でニュートンの理論が成り立っている．衛星の軌道計算でさえ，距離の2乗に反比例するおなじみの万有引力を用いることができる．数学的にはニュートンの理論のほうが一般相対性理論よりもはるかに簡単である．そして，単なるこの理由のために，物理学者はニュートンの法則や万有引力を使い続けているのである．もちろん，物理学者は一般相対論のほうがより正確に物理現象を予言し，かつ深く理解する手段であることを知っている．ニュートンの法則は重力が弱く速さが光速よりもずっと小さい場合の問題を解くための便利な道具ではあるが，真の現象の姿を伝えてはいない．

　一般相対論は重力の幾何学的な再解釈にとどまるものではない．このことは，光が粒子からできていると仮定し，太陽による恒星からの光の湾曲をニュートンの万有引力の理論で

説明しようとしたときに垣間見た．その結果は正しくない数値を与えたが，一般相対論の予言した数値は正しかったのである．

一般相対論の有名なもう1つの検証が，1915年に水星に対して行われた．水星は太陽にもっとも近いため，太陽の重力の影響が強く現れる．ほかの惑星と同様に，水星の軌道は太陽を1つの焦点とする楕円である（図24(a)）．太陽にもっとも近づく点を**近日点**という．ニュートン力学によると，惑星はこの定められた楕円軌道上を周回し，近日点の位置はずれないはずである．ところが実際には，水星軌道の近日点は，水星が太陽を周回するごとに少しずつずれていくことが知られていた（図24(b)）．これは近日点移動とよばれている．この近日点移動のほとんどは，太陽系のほかの惑星からの万有引力によって説明することができるが，1845年以来，計算値と観測値が1世紀あたり角度にして43秒だけ異なっていることが知られていた．確かにわずかな値である．それでもこの差異は間違いなく存在しており，説明できない値として天文学者を悩ませていた．アインシュタインの一般相対論は，この差異を正確に予言したのである．アインシュタインは，自分の理論的な予言が検証されたのを聞いたとき，「歓喜のあまり何日もわれを忘れていた」と後に告白している[*17]．

（*訳注17）実際には，1915年11月に発表した論文「水星の近日点の移動に対する一般相対性理論による説明」で，アインシュタイン自身が観測値と理論値を比較している．すなわち，「予言が検証されたのを聞いた」わけではなく，自分の計算と近日点移動のずれの観測値が一致することを知ったときに「歓喜のあまり何日もわれを忘れた」のである．

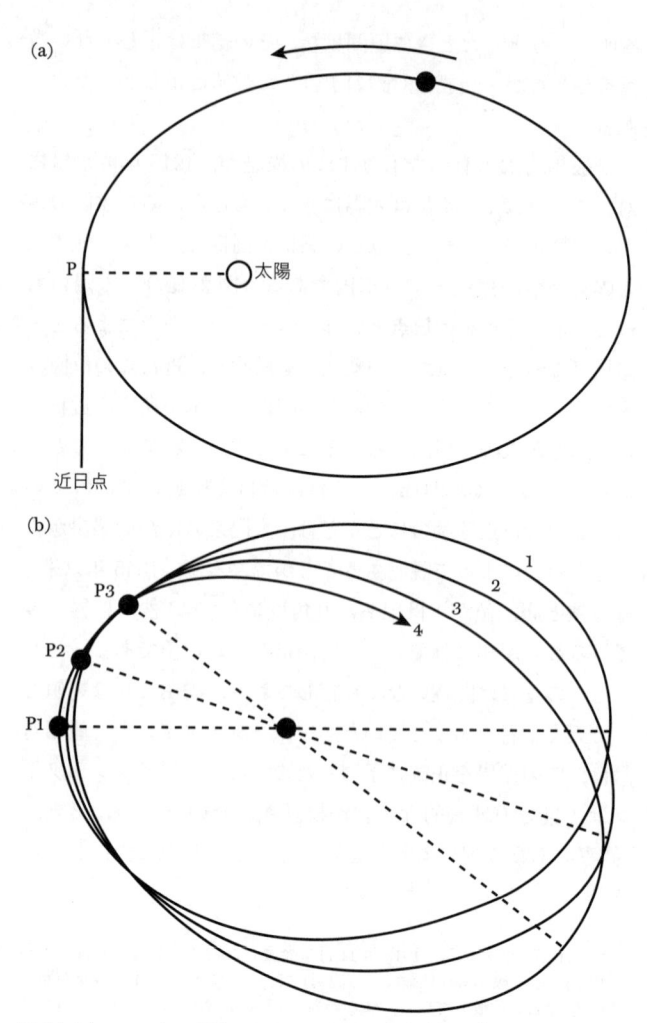

図24 (a)ニュートン力学によると，水星などの惑星は楕円軌道を描く．ほかの重力を及ぼす物体（ほかの惑星）の影響を無視するならば，近日点は動かない．(b)しかし一般相対論によると，近日点は移動していく．

その後，1974年にジョセフ・テイラーと彼の学生であったラッセル・ハルスは，パルサーPSR1913+16が連星系の星の1つであることを発見した．そのパルサー（重力崩壊した星の姿）は，もう1つの星とともに，もっとも近づいたときが太陽半径の1.1倍，もっとも離れたときが4.8倍という扁平な軌道を描きながら，たがいの重心のまわりを回っていた．そして相対論で予言されるとおり，近日点は1年間に4.2°の割合で移動していた．この値は水星の近日点移動の1世紀分が1日で生じていることに相当する．

　別な興味深い一般相対論の検証方法が，アーウィン・シャピロによって1964年に提案された．それは強力なレーダーを用いて，レーダーのパルスを惑星で跳ね返らせるというものである．その実験のアイデアは，パルスが惑星に行って戻ってくるまでの時間を測り，それによって惑星の軌道を正確にたどるというものだった．この実験を，惑星が太陽の背後に位置する場合にくり返す（図25）．惑星がその前に異なる位置にあったときの測定値から，レーダーのパルスが太陽の縁を通るときの時間を計算できる．結果的に250マイクロ秒の時間の遅れが観測されたが，この遅れは太陽のそばを通過することによってパルスの速度が遅くなったために生じたものである．この結果はアインシュタインの理論が予言したことにほかならない．

　実際には，パルスを跳ね返らせる反射板の役割を水星および金星という惑星が担った実験だけでなく，人工衛星に担わせるタイプの実験も行われた．たとえば，マリナー6，7号，

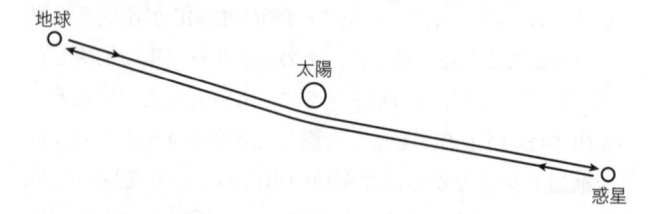

図 25 時間の遅れによる一般相対論の検証実験．太陽をかすめるような軌道でレーダーのパルスを惑星で跳ね返らせる．

ボイジャー2号，火星に着陸したバイキング，そして土星へ向かったカッシーニでも実施された．人工衛星による実験の場合，レーダーのパルスをただ反射するのではなく，送信し返すのにも人工衛星を利用した．いままででもっとも精度のよい実験は2003年にカッシーニを用いて行われたもので，理論値と観測値は 10^{-5} の精度で一致している．

これらの実験では時間の測定を含んでおり，したがって実験結果は，重力を発生する物体の近くで曲がるという空間だけの性質を示すのではなく，時空としての性質を示すものであることに注意しよう．

さらにもう1つ注意を加えておきたい．いままでみてきたさまざまな観測例（重力赤方偏移，光の湾曲，重力レンズ効果，太陽近傍のレーダー観測，水星の近日点移動）で検証してきたのは小さな一般相対論的効果，つまり，ニュートンの重力の法則で計算される値からのわずかなずれであった．しかしこのことから，一般相対論の中身はつまらぬあら探しのようなものだと考えられては困る．一般相対論は重力の**あら**

ゆる効果を表しており，その中には近似的にニュートンの理論で表されるものも含んでいる．いってみれば，相対論は水星軌道の近日点移動を説明するだけでなく，そもそもなぜ水星やほかの惑星，衛星が公転しているのかをも説明する根源的な理論なのである．

ブラックホール

図19では，太陽が時空を曲げる様子を，弾性のあるシートの上に置かれたボールの周囲に生じるへこみのように表現した．もちろんこれは荒っぽいたとえに過ぎない．すでに注意したように，球面のような2次元空間の湾曲は，第3の次元へ向かう曲がりとして考えることが可能である．しかし，3次元空間の湾曲を考える場合，その曲がりを引き受けるもう1つの次元はもはや残されていない．3次元空間自体の幾何学的性質を丹念に調べていくしかないのである．

とはいうものの，図19のような3次元空間の2次元的な表現は，何が起きているかをある程度直観的に把握するのに役立つ場合がある．とくに有効なのは，太陽が周囲の空間につくり出しているような，曲がり方が球対称な場合である．この場合，太陽を含むように空間を切ったときの2次元の断面はすべて同じになり，残った3番目の次元はほかの2つの次元に含まれない情報を何ももたない余分なものとなる．したがって，残されたもう1つの次元を曲がり具合の表現に用いることで，3次元的な空間の描写によって曲がった空間を図示することが可能になる．じつは，このようにして描いた

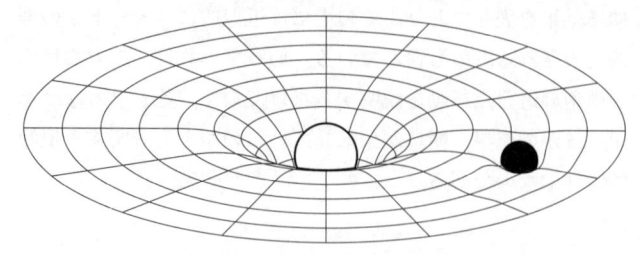

図 26 太陽によって生じた空間の曲がりが原因となって惑星が公転している様子.

ものが図 19 である.図 26 は,重いボール(太陽)によって空間が湾曲し,そのために小さいボール(惑星)が直進せずに周回軌道を描く様子を表している.

図 27 は,太陽がつくりだす空間の湾曲を,より詳しく描いたものである.このように表される理由を説明しよう.ある地点での空間の湾曲の強さは,太陽の中心からの距離によって変化し,また,その点と太陽の中心の間にどれだけ重力源となる物質があるかによって変化する.太陽の外側では,考えている点が太陽に近づくと距離が小さくなっていくため,湾曲の強さは増加していく.これは太陽の端を表す点 R に達するまで続く.太陽の内部に入り込むと,太陽の中心からの距離は引き続き小さくなっていくが,その一方で,考えている点と中心との間にある質量の減少が曲率[*18]を減らしていく傾向をもたらす.両方の効果を合わせると曲率は全体

(*訳注 18)空間の湾曲の大きさを表す量を曲率という.

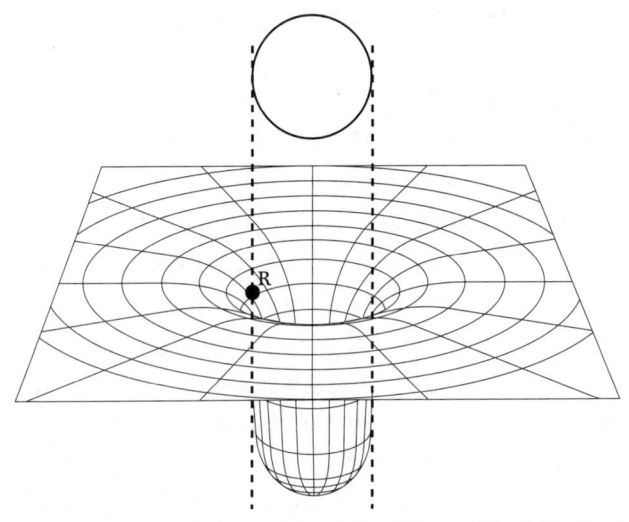

図 27 太陽によって曲げられた空間．太陽の内部では空間の曲がりがゆるやかになっていく．

として減少していくことになり，考えている点が太陽の中心に達したときに空間は平らになる．このことは太陽の中心では重力がなくなることから予想されることである．なお，太陽で成り立つことはほかの恒星や惑星でも成り立ち，それらのつくりだす空間の湾曲も図 27 のようになる．

　ただし，このような図は何が起きているのかを視覚化するのには役立つものの，3 次元空間がほかの次元のほうへ曲がっていく様子を見ることは実際にはできないことを，もう一度ここで強調しておきたい．図に頼る代わりに，空間自身がもつ固有の性質に頼るしかないのである．このことは何を意味するのだろうか．例として太陽のような球対称の物体を考

え,それが周囲の時空に及ぼす影響を考えよう.

時間がどのような影響を受けるかについてはすでに何度も説明してきた.太陽からはるか遠方にいる観測者にとって,太陽のそばにある時計はゆっくり進んでいる.言い換えると,重力赤方偏移を受けている.その値はどれだけだろうか.最初にアインシュタインの方程式を球対称な物体の場合に解いたのはカール・シュバルツシルトであった(以後,この解をシュバルツシルト解とよぶ).その解法には膨大な計算を必要とするが,得られた結果は簡単で,遠方の観測者から見たとき,時計の進み方は$\sqrt{1-2mG/rc^2}$という因子の分だけ減少する,というものである.ここでmは太陽の質量,Gは万有引力定数,rは太陽の中心から時計までの距離,cは光の速さを表す.この因子はrが大きくなると1に近づくことに注意しよう.すなわち,時計が太陽からはるか遠く離れているときの時計の進み方はほぼ正常である.しかし,太陽に近づけば近づくほど,その時計は遅れていく.また,mが大きいほど,つまり星が重いほど,この効果は大きくなっていく.

時間についてはこれくらいにして,次に空間について考えよう.シュバルツシルト解においては,動径方向[*19]に影響が現れる.たとえば,遠方の観測者から太陽に向かって,端と端をくっつけるように並べられた1メートル定規の長い列

(*訳注19)原点とある1点とを結んだ方向を動径方向という.中心を原点にとった円や球の場合は半径の方向にあたる.

を想像してみよう．観測者によると，太陽に近づけば近づくほど，定規の長さが短くなっている．定規の縮む割合を表す因子は，時間の遅れを表す因子と同じ $\sqrt{1-2mG/rc^2}$ である．今度も，r の大きいところで因子は1に近くなり，定規が普通の長さになることがわかる．r が小さくなればなるほど，また m が大きくなればなるほど，定規は縮んでいく．

光の速さにも影響があるのだろうか．時計から観測者に向かって外向きに光のパルスが放射されるという状況を想像しよう．パルスは時間が遅れている領域から打ち出される．このことは，遠方の観測者から見た場合，その領域で起きているすべての現象が遅くなることを意味している．それには光の速さも含まれるのであって，並べられた1m定規を太陽から遠ざかっていく方向に1つひとつ通過していくのにかかる時間も長くなっているのである．時計付近の領域では時間がゆっくり流れるだけでなく，空間もパルスの進む動径方向に押し縮められている．このことは，遠方の観測者によると，個々の1m定規を通過していくとき，光は1mより短い距離しか進んでいないことになるわけである．これは，光のパルスを遅くする2番目の要素である．いわば光は自らを引きずりながら，太陽から遠ざかっていくのである．

しかし，光の速さが遅くなるということは，相対論の基礎となった2つの要請の1つを破ることになりはしないだろうか？　そうではない．その要請は慣性系についてのものであって，いま扱っている非慣性系に対してではない．重力によって曲げられた時空においては，光の速さが通常の c と異なってもよいのだ．

第2部　一般相対性理論

これまでは遠方の観測者から見た場合に話を限ってきた．今度は，問題の時計の近くで自由落下している観測者，つまり局所慣性系にいる観測者からどう見えるのかを考えよう．観測者にとって近くの現象は何の変哲もないものである．時計は正常に進み，1m定規は正しい長さであり，彼の付近での光の速さは c である．ただし，球面やあん馬面において平らとみなせるのは狭い領域に限られることを忘れてはいけない．その領域が小さいほど，平らに近づいていく．このことから曲がった4次元時空の小さい局所的な領域で自由落下している観測者を考えた場合，その領域は特殊相対論の成り立つ「平らな」領域として観測されることになる．したがって，太陽のまわりのような曲がった時空は，1つひとつが特殊相対論であつかうことのできる小さな領域をつないでできたパッチワークのキルト布のようなものだと考えることができよう．太陽の近くと遠くの両方を含む時空の包括的な描像や時空の曲がり方の全体像を考察できるのは，遠方の観測者だけなのである．

　遠方の観測者によって測定される時間の遅れや動径方向の長さの縮む割合には，$\sqrt{1-2mG/rc^2}$ という因子が関係していた．ここで r が十分小さくて $r=2mG/c^2$ になると平方根の中の第2項は1になり，この因子はゼロになってしまう．この場合，いったい何が起きるのだろうか？　時間は止まってしまい，1m定規の長さがゼロになってしまうことにならないだろうか？　しかし，次のことに注意しなければならな

い．シュバルツシルト解（したがって上の因子）は太陽の外側，言い換えると図27の点Rの外側でしか適用できないのである．太陽の場合，因子をゼロにするrは太陽のかなり内部の値になり，その内側には太陽の全質量mのわずかな割合しか含まれない．そのため，太陽において因子がゼロになることはない．

ただし，いつでもそうなるとは限らない．太陽系の外側には，上の条件を満たすきわめてコンパクトな星が存在するのである．このことは，**ブラックホール**という魅力的な話題へとつながっていく．さて，ブラックホールとは何であって，どのように形成されるのだろうか？

すでにみたように，恒星のエネルギー源は核融合である．しかし，どんな火でもそうであるように，恒星のエネルギー源もやがて尽きる日がやってくる．その後に何が起きるかは，その星がもつ質量，したがって重力の大きさに強く依存する．私たちの太陽のような中程度の大きさの星の場合は，100億年ほど順調に燃えた後，膨張して**赤色巨星**となる．そしてその後は外側を脱ぎ捨てる一方でコア部分は重力崩壊していき，小さく明るい**白色矮星**となる．このコアはすぐに燃え尽き，冷たくなった球殻が残される．

太陽質量の8倍以上の質量をもつ星は，恒星として輝き続けた最後の瞬間を超新星爆発で飾る．コアは強い重力によってあまりにも激しく収縮させられるため，通常は原子核の外側にいるはずの電子が原子核の中に押し込まれてしまう．原子核の中に押し込められた電子は陽子と結合して中性子に

転換し，付随的にニュートリノが放出される（超新星爆発時に吹き飛ばされる物質のほとんどはこれらのニュートリノである）．結果として中性子でできたコアが残されるが，これは**中性子星**とよばれる．すでに重力赤方偏移を論じたときに触れたが，典型的な中性子星は半径がわずか 10 km 程度でありながら質量は太陽の 1.4 倍ほどになる．したがって，中性子星の表面での重力は地球の表面の 2×10^{11} 倍にもなっている．

恒星の質量が太陽の 20 倍以上あった場合，超新星爆発によって誕生するはずの中性子星は太陽の 2 倍を超える質量をもつことになる．だが，じつはそのように重い中性子星はできない．あまりにも強い重力のために重力崩壊に歯止めがかからず，星は収縮を続ける．そして，ついには物質が一点に凝縮して体積ゼロで密度が無限大の無限小領域ができてしまう．これが，ブラックホールの誕生である．ブラックホールという名称はジョン・ホイーラーが 1960 年代につけたものだが，現象自体はそれよりかなり前の 1939 年に，アインシュタインの理論にもとづいてロバート・オッペンハイマーとハルトランド・スナイダーによってすでに予言されていた．

ブラックホールによって空間がどのように曲げられるかを描いたのが図 28 である．図で下側に途切れた曲面は，すべての物質が一点に凝縮している特異点[*20] まで果てしなく下に続いているものとする．力を考えると，中心に近づくにつ

（*訳注 20）一般相対論では，測地線がそこでとぎれてしまうような点を（時空の）特異点という．

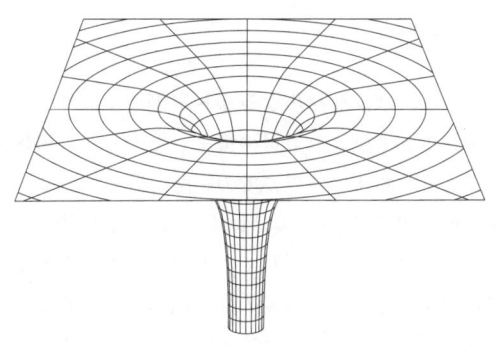

図 28 ブラックホールによって生じた空間の曲がり具合.

れて重力による力の大きさは無限大になっていく. ブラックホールに落下した物体は, たとえどんなものであれ, 中心に達するとつぶれてしまう. 少なくとも, 現代の物理学ではそういう結論となる. 問題なのは, 物理学では特異点をあつかえないことである. 原子より小さな対象をあつかうには量子力学が必要になるのだが, どうしたら量子論と相対論が結ばれるのかは, まだわかっていないのである. ということは, 自然は私たちをびっくりさせるようなことを, まだ隠しもっているのかもしれない. いずれにせよ, 特異点ですべてのものがつぶれてしまうという結論以上のものを現時点ではもち合わせていないのである.

そういうわけで, 太陽とは異なり, ブラックホールのような天体においては $\sqrt{1 - 2mG/rc^2}$ をゼロとするような r の値が存在する. その値を k で表すと

$$k = \frac{2mG}{c^2} \tag{13}$$

となるが，これは**シュバルツシルト半径**とよばれている．シュバルツシルト半径は，質量の集まった中心から**事象の地平面**とよばれる球面状の境界までの距離を表している．

　事象の地平面のもつ意義は以下のように表現できるだろう．ブラックホールへ落下していくロケットを考えよう．遠方の観測者から見ると，事象の地平面へと近づくにつれてロケットがだんだん遅くなっていくように観測される．これは，時間の遅れと，中心に近づくほど動径方向の長さが縮むことの，両方の効果によるものである．事象の地平面に達したとき，ロケットは停止して見えることになる．つまり，そこでは無限に時間が延びているように見える．これはロケットから出た光がゆっくりとその場を離れることが原因である．事象の地平面においては，そこからくる光が観測者に届くまでには無限の時間がかかるため，そこにある物体は停止して見えてしまう．もっとも，実際に長い時間がかかっているわけではない．遠方の観測者からはロケットが事象の地平面で停止してしまったように見えても，実際にはこの領域をロケットは素早く通り抜け，ブラックホールの中心へと進み続けているのである．事象の地平面を通過する短い時間にロケットから出る光はわずかな量にすぎない．したがって，光が観測者にたどり着いたとしても，続いてやってくる光はもはやないのであって，光の強さは急速に弱まり，ロケットの像はかすんで消えるのである．

　これらのことは，遠方の観測者の視点からどのように見え

るかを述べたものである．では，ロケットの中にいる宇宙飛行士からはどのように見えるのだろうか？　ブラックホールに向かって落下しているとき，宇宙飛行士は局所慣性系にいるのであって，周囲の現象はまったく普通どおりである．時間や距離，光の速さに関して予期せぬ出来事は何もない．事象の地平面を通過したときにも彼女は何も気づかず，したがって，この後の彼女の運命がブラックホールの外部から隠されてしまったことにも気づかないままである．二度と帰れない地点を通過したことを指し示すものは何もそこにはない．しかし，これから先，彼女はもはや逃れられない．事象の地平面の内部にひとたび入ったら，容赦なくすべてはブラックホールの中心へと向かって突進し続けるしかないのである．このことは光に対しても例外ではない．ブラックホールは光を放たない．だからこそこの名でよばれているのである．

　ブラックホールの中心に達すると，宇宙飛行士の乗ったロケットはつぶれてしまう．ここで注意しなければならないのは，このつぶれは特殊相対論における長さの収縮とはまったく異なる現象だということである．長さの収縮においてロケット内の宇宙飛行士が何も感じないのは，彼女の身体のすべての原子も空間の収縮と同じ割合で収縮するからであった．ブラックホールに落ちていくときは，これとはまったく異なってくる．足から先に落ちていくとすると，宇宙飛行士はまるで拷問台で体を無理やり引き伸ばされたかのように感じるだろう．なぜなら，ブラックホールの中心に近い足のほうが頭よりも強い重力で引っ張られるからである．縦に引き伸ば

されている一方で，彼女の側面はだんだんと押しつぶされていく．最終的に一点にまで押しつぶされてしまうことになる．

太陽の10倍の質量をもつ星がブラックホールになる場合，式(13)によるとkは10 km程度になる．中心からこの距離だけ離れた事象の地平面においても，落下している宇宙飛行士の身体にはたらく潮汐力[*21]はすでにおそろしく大きいものとなっている．その大きさは，拷問台で足に10億kgのおもりをぶら下げられたことに匹敵する．以上のことは**恒星型ブラックホール**とよばれる星の崩壊過程で生成するブラックホールに当てはまる．

しかし，これだけがブラックホールの生成過程ではない．現在では，ほとんどの銀河の中心にブラックホールがあると考えられており，これは**銀河型ブラックホール**とよばれる．このタイプのブラックホールは，銀河の中心付近の星がたがいに引っ張り合い，衝突し，合体して超巨大質量ブラックホールへと崩壊していくことによって生成される．1974年に，私たちの銀河系の中心にも太陽の約300万倍の質量をもつブラックホールがあることが発見された．ほかの大半の銀河も巨大質量の暗黒物体を中心にもっており，これらはブラックホールと考えられている．なかには10億個もの星を飲み込んでしまっているブラックホールもある．

（*訳注21）ブラックホールに落下していく物体の重心にはたらく重力と比べると，重心よりも下側（ブラックホールに近い側）は大きな力を受け，上側は小さな力を受ける．したがって，重心から見て上下に引っ張られるような力を物体は受ける．これがここでいう潮汐力である．

式(13)を見ると，事象の地平面の半径は質量に比例して大きくなることがわかる．一方，事象の地平面における潮汐力は質量の2乗に反比例することが知られている．したがって，太陽の100万倍程度の質量からなる比較的小さな銀河型ブラックホールにおいてさえ，シュバルツシルト半径における潮汐力は 10^{12} もの割合で小さくなる．これは，宇宙飛行士がほとんど何の影響も受けずに事象の地平面を通過できることを意味する．（ただし，これはもちろん一時的な執行猶予にすぎない．中心に近づくと強烈な潮汐力が待っている．）

　これまで，大質量星が崩壊するとき，どのように恒星型ブラックホールが形成されるかを述べてきた．しかし，惑星と同じくほとんどの星は角運動量（すなわち軸のまわりの回転）をもっていることには触れてこなかった．角運動量は保存されるので，たとえ星の崩壊にともなう超新星爆発によって吹き飛ばされる物質とともに角運動量の一部が失われるにせよ，もともとあった角運動量の大半はブラックホール自身が担うことになると考えられる．このことは事態を複雑にする．アインシュタイン方程式のシュバルツシルト解はもはや成り立たなくなるのだ．

　ロイ・カーによって回転しているブラックホールの解がやっと見いだされたのは1963年のことであった．カー解は大変興味深い性質をもっている．回転するブラックホールは，付近の時空を，まるで水にできる渦のように引きずっているのである．最初にブラックホールの中心をめがけて落ちてい

った物体でも，徐々にこの回転運動に巻き込まれていくことになる．回転するブラックホールに落下していく物体は，最初に**定常性限界面**とよばれる面を通過する．また，定常性限界面と事象の地平面との間の領域を**エルゴ領域**とよぶ．エルゴ領域の時空の流れはあまりにも強く，何物も，たとえ無限大の出力をもったロケットでさえも同じ場所にとどまることはできず，ブラックホールを中心とした回転に巻き込まれてしまうのである．ロケットが噴射によって静止状態を保つことが可能となるのは定常性限界面の外側だけである．

　グラビティープローブB計画（Gravity Probe B）と名づけられた宇宙での実験が，予言されている「座標系の引きずり」を検証するために行われている．この実験では，きわめて正確につくられた4つのジャイロスコープを乗せた人工衛星を用いる．何もない自由空間では，ジャイロスコープは回転軸の方向をいつまでも保ち続ける．しかし，この人工衛星は地球を周回する軌道上にある．そのため，地球の重力によって生じた空間のひずみの影響を受けて，ジャイロスコープの回転軸は1年間に0.0018°だけ変化する．それに加えて1年間に0.000011°以下というわずかな量ではあるが，座標系の引きずりの効果が生じると考えられている．これは，400m先から1本の髪の毛を見るのに等しい．本書の執筆段階では，本実験は結果待ちの状態である[*22]．

（＊訳注22）本書の出版後，Gravity Probe B計画の最終報告となる論文が2011年に発表され，一般相対論の正しさが検証されたと報告されている．

ブラックホールに落ち込むと，物体は自らのアイデンティティーを失う．つぶれて一点になった物体は体積を失い，もはやその形状で区別することはできなくなるが，存在しなくなったわけではない．その物体がもっていた質量がどのような値であれ，それはブラックホールの質量につけ加わっていく．では，ブラックホールに吸収されても維持される量とは何だろうか．質量がその1つである．もう1つは角運動量だ．電荷も保存されるので，ブラックホールに落下する物体が帯電していた場合，その電荷がどのような値であれブラックホールの全電荷量につけ加わる．この3つの量以外は，どのような性質を最初に物体がもっていたとしても，ブラックホールに吸収された時点で永遠に失われる．

　ところで，「ブラックホールは話としては面白いが，それが本当に存在するという証拠が果たしてあるのだろうか？」と考える読者もいるだろう．結局のところ，ブラックホールを見つけるのは，それが「黒い」，すなわち光を放射しないだけでなくそれを照らし出そうとする外部からの光をも飲み込んでしまうのだから，まぎれもなく困難な問題である．これらの性質のため，ブラックホールは見えないのだ．

　透明人間の映画を思い出そう．透明人間を直接見ることはできないが，彼が周囲に及ぼした影響を見ることができる．まさにこのことをブラックホール探索では利用するのである．放射している光の振動数が周期的に変動する星を探してみよう．この変動は，その星が地球に対して遠ざかったり近

づいたりするときのドップラー効果によって生じたものと考えられる．このような運動は共通の重心のまわりを回る2つの星からなる連星系で典型的に観測される．通常は両方の星が観測されるが，なかには一方の星が見えずに星が1つしか観測されない場合がある．この場合，見えるほうの星の運動を調べることによって，見えない星の質量を求めることができる．求めた質量が太陽の約3倍を超えた場合，その見えない星はブラックホールの候補となる．さらに，見えるほうの星が赤色巨星（大きく膨張した星）ならば，可能性が強まる．また，見えている星の外層が見えない伴星に引きずり込まれてX線を放出する様子が観測される場合もあるが，これは外層が急速にブラックホールに吸い込まれるために生じていると考えられている．

1972年にトム・ボルトンは，白鳥座X-1がまさにそうしたふるまいをしていることを発見した．見えない伴星は太陽の約7倍の質量をもつと推定され，急速に変動するX線を発生していた．典型的な明滅の周期は1秒間に約100回であった．この短い周期は，X線を放射しているのが何であれ大きくないことを意味していた．その時間内に光が進める距離は3000km（地球の直径の約1/4）で，この値がX線を放射している物体の大きさの上限を与える．つまりその領域は小さく，ブラックホールをとり巻く領域から放射されていると考えれば矛盾がないことになる．本書の執筆時点では，観測結果から伴星が恒星型ブラックホールと考えられる連星系が20組ほど知られているが，そのうちのいくつかは白鳥座X-

1よりもさらに有力な候補となっている．

　では，銀河の中心にあるといわれる超巨大質量ブラックホールに関しては，どのような証拠があるのだろうか？　銀河にある星は，銀河の中心のまわりを周回している．当初，個々の星を銀河のまわりに周回させている力は，その星の軌道よりも内側にあるすべての星からの重力だと考えられていた．しかしながら，銀河の中心に近い星は，この考えではとても説明できない速さで回転していることが発見された．このことから結論されることは，銀河をめぐる星の運動を説明できる大きさの重力が生じるためには，銀河の中心付近の質量は輝いている星の質量の合計よりもはるかに大きくなければならないということだ．すなわち，銀河の中心には，多くの星を飲み込んでそれらを見えなくしてしまった巨大質量のブラックホールがあるに違いないという結論に導かれるのである．

　超巨大質量ブラックホールの存在を示唆する第2の証拠は，**活動銀河**の存在である．これらは通常の銀河とよく似ているが，放射源となる小さなコアを有している点が異なっている．そのコアからは，赤外線，電波，紫外線，X線，ガンマ線といったさまざまな電磁波が，ほかの銀河よりもはるかに強く放出されている．この現象は，ブラックホールと考えられる銀河中心の狭い領域に降着していく物質から解放される大量の重力エネルギーによるものだと解釈されている．

　このようなブラックホールが存在することのもう1つの根拠は**クェーサー**によってもたらされる．クェーサーははるか

遠方にあるきわめて明るい天体である．より遠方を観測すればするほど，より多くのクェーサーを見ることができる．よく知られているように，遠方の天体であればあるほど，（光が天体から地球に届くまでに時間がかかるため）私たちは過去のものを見ていることになる．そこで，クェーサーは進化の初期段階の銀河であると考えられている．

　活動銀河と同様に，クェーサーの尋常でない明るさは1つの謎であった．その後，誕生したての銀河の中心に形成されるブラックホールとクェーサーの結びつきがわかってきた．実際，活動銀河とクェーサーとはたいへん違って見えるが，じつは同一の現象であって，異なった側面を見ているにすぎないといまでは考えられている．クェーサーははるか遠方にある活動銀河なのである．

　以上のように，超巨大質量ブラックホールが銀河の中心にあることは，観測結果からほとんど決定的となっている．

　恒星型ブラックホールと銀河ブラックホールに関して述べたからには，第3の可能性である**ミニブラックホール**についても言及しないわけにはいかないだろう．すでに私たちは，太陽の約2〜3倍よりも少ない質量しかもたない天体は，重力が弱すぎてブラックホールへと崩壊できないことを見てきた．しかし，もし十分強い圧力が外部から加わるならば，質量が不足している天体でもブラックホールになることが可能となる．1971年にスティーヴン・ホーキングは，ビッグバン初期におけるきわめて強い圧力とゆらぎの中では，高密度ゆらぎが強烈な圧縮を受けるためミニブラックホールが形成

され得ることを指摘した．これらは，いわば山くらいの質量で事象の地平面が陽子のサイズよりも小さいものである．このようなミニブラックホールは今日でも多数残っている可能性がある．しかしながら，これらが存在するという証拠は得られていない．

同様に，アインシュタイン方程式が許容している別な理論的可能性である**ホワイトホール**に関する証拠もない．ブラックホールが何物もそこから出られない空間領域であるのと反対に，ホワイトホールはそこからものが吐き出されてくるのを止めることができないような領域であると考えられている．

このほか，SF作家に好まれているものとして，**ワームホール**がある．これは，ブラックホールに落ち込んだ物体がトンネルでつながったどこかのホワイトホールから飛び出してくるというアイデアである．出口はこの宇宙のどこかかもしれないし，まったく別な宇宙かもしれない．これまた，ワームホールが存在するという証拠もまったくない．

最後にもう1つ，ブラックホールに関する重要なことを述べておこう．ひとたび生成されたブラックホールは，その後どうなるのだろうか？　そのまま永遠に存在し続けるのだろうか？　しばらくの間，ブラックホールは物質を吸収し続けてさらに重くなっていく．これは落ち込むことが可能な物質がすべてブラックホールに吸収されるまで続く．事実上，銀河にあるすべての星を銀河ブラックホールは飲み込むと考えられており，それにかかる時間は銀河の最初の大きさにもよ

るが，10^{27} 年ほどだと考えられている．

　ところで，銀河は集団を形成していて，私たちの銀河系も 30 を超える銀河からなる銀河団の一員である[*23]．集団をつくっている銀河は，たがいの重力によって束縛されながら動き回っている．その様子は，1 本の杭につながれた犬たちが限られた範囲内で自由に動き回っているのに似ている．動き回っている銀河はつねに重力波（次節で説明する）としてエネルギーを放出し続ける．このことは，ある銀河団に属するすべての銀河は最終的に 1 つのブラックホールになってしまうことを意味する．私たちの銀河系が属する銀河団の場合，それにかかる期間は 10^{31} 年ほどであると予想されている．

　最初は，これで話が完結すると考えられていた．最終的に，ブラックホールからは何物も出られないし，すべてがブラックホールに飲みつくされてしまえば入っていくものは何も残されていないからだ．しかし，1974 年にスティーヴン・ホーキングによって驚くべきアイデアがもたらされた．わずかではあるもののブラックホールはエネルギーを放出しているはずだというのである．その根拠は量子力学に由来するものであり，本書の守備範囲を超えた内容ではあるが，それがどのようなものかについて簡単に触れておきたい．

　以前に，真空という空っぽの空間は，物理学者にとっては空っぽでもなんでもない（一例として，真空は曲げられる）

（*訳注 23）銀河群（数十個の銀河からなる集団の場合）と銀河団（数十個から 1000 個程度の銀河からなる場合）とを区別して呼ぶ場合もある．

ということを指摘した．量子力学（場の量子論）によると，真空は，いたるところで「仮想粒子」とよばれる素粒子のペアをつねに生み出している．それらはさまざまな粒子と反粒子のペアや光子（つまり光エネルギーの束）のペアである．このような粒子ペアの生成には，粒子の静止質量などをつくり出すためのエネルギーが必要である．面白いことに量子力学においてはエネルギーにゆらぎが生じることが許されており，すぐに返済しなければならないという条件つきであるが，エネルギーを「借りる」ことができる．そのため，短時間とはいえ粒子のペアは実在として真空から飛び出すことができ，その後再結合して非実在へと戻っていくのである．ホーキングが指摘したのは，この過程が事象の地平線付近で起きると，仮想粒子の一方が（実在の粒子がブラックホールに落下するのとまったく同様に）重力エネルギーを解放しながらブラックホールに落下していくという可能性である．この解放されたエネルギーは「借りていた」エネルギーを返済するのに十分であり，もう一方の仮想粒子の分もそれでまかなうことができる．この第2の粒子または光子は事象の地平線のわずかに外側で誕生し，普通の粒子としてブラックホール外部へと脱出することが可能である．そこでホーキングは，弱いとはいえブラックホールは光や粒子を放射するはずだという結論に至ったのである．言い換えると，ブラックホールは完全にブラックではないということだ．この現象は**ホーキング放射**として知られるようになったが，あまりに弱いため，いまのところまだ観測されていない．たとえば恒星質量のブラックホールの場合，ホーキング放射のエネルギーは絶

対零度よりたった 10^{-7} K だけ温度が高い物体の放射と同程度にすぎない.それにもかかわらず,多くの科学者はブラックホールがこのようにふるまうと信じている.これが正しければ,ブラックホールは放射によって明らかにエネルギーを放出し続け,それによって質量を失っていくことになる.言い換えると,あたかも暑い日の水たまりのように,ブラックホールは蒸発していくことになる.ブラックホールが小さいほど周囲の空間の曲がり方が急激に変化するため,一方がブラックホールに落ち込み他方が脱出していくという仮想粒子のペアは分離しやすくなる.すなわち,小さなブラックホールほどホーキング放射は強いことになる.

さて,ブラックホールの究極的な運命はどうなっているのだろうか.恒星質量のブラックホールは 10^{67} 年で蒸発し,銀河質量のものは 10^{97} 年,銀河団内のすべての銀河が合体してできたものは 10^{106} 年で蒸発すると考えられている.

重力波

マクスウェル方程式が電磁気について私たちが理解していることを表しているように,アインシュタインの一般相対論は私たちの重力についての理解を表現したものである.自分の築いた理論から,マクスウェルは,電気と磁気の力が波紋のように空間に広がっていく現象すなわち電磁波を予言した.電磁波は電荷の加速運動によって生み出される.可視光,赤外線,紫外線,電波,X線はすべて光の速さで伝搬する電磁波であり,違いは波長だけである.同様にして,アイ

ンシュタインも,彼の重力理論から,重い物体が加速運動すると重力波が発生すると予言した.前にみたように,太陽のような大質量の物体は,時空という布地にできたへこみに座っているようなものと考えることができる(たとえば図26).同様に,重力波は時空という布地を伝わる波紋のようなものとして思い描くことができよう.重力波は電磁波と同じく光の速さで伝搬する.

　重力波の検出は決して簡単ではない.なぜなら,重力波のつくりだす影響はきわめて小さいからだ.電磁波の場合には問題は生じない.加速器の閉じた軌道をぐるぐる回る(したがって中心を向いた加速度をもつ)荷電粒子は,シンクロトロン放射とよばれる電磁放射を行う.電子にとってはシンクロトロン放射によるエネルギー損失はとても大きく,最高エネルギーへと加速させるためには,閉じた軌道を周回させて加速するよりも,カルフォルニアのスタンフォードにある長さ3 kmの直線加速器のように直線状の管内を通して加速するほうが効率的となる.

　しかしながら重力波の場合は,たとえ数トンの鉄の塊を遠心力で飛んで行ってしまうくらいの危険な速さで回転させたとしても,たった10^{-30}ワット程度のエネルギーの重力波しか放射されない.
　この理由から,より強い重力波源を見出すためには,実験室ではなく宇宙へと目を向ける必要がでてくる.重力波の最初の証拠は,間接的なものではあるが1978年に得られた.

その4年前の1974年にハルスとテイラーが連星系のパルサーを発見したことを思い出そう．この発見は，天体の近日点の歳差運動に関する最良のテストにもなったのであった．さらに，そこには1993年度のノーベル賞を2人にもたらすことになった第2の発見が隠されていたのである．

パルサーは，磁場の北極と南極からジェット状に電磁波を放射している中性子星である．このジェットはパルサーの自転とともにぐるぐる回る．この回転するビームの通過する方向に地球がたまたま位置していれば，ちょうど灯台の回転する光のビームを浴びる船のように，私たちは一連の規則的な電磁波のパルスをパルサーから受けとることになる．ハルスとテイラーが発見したのは，このパルサーの基本周期（0.05903秒）が驚くほど安定であり（100万年あたりにたかだか5％増加するにすぎない），実質的にきわめて正確な時計とみなせるということであった．それにもかかわらず，この規則正しいパルスには周期的な変動がともなっていた．これは，パルサーがじつは見えない伴星のまわりを回っていて，地球に向かってくるときと遠ざかるときとでドップラー効果に差が生じるからであると解釈された．公転周期は約8時間であることが見い出されたが，もっとも興味深い発見は，公転周期が少しずつ短くなっていっていることであった．1年あたり7500万分の1秒というわずかな割合ではあったが，4年にわたる観測からその効果は間違いなく存在することが判明した．言い換えるならば，パルサーは伴星のまわりを周回しながらエネルギーを失い，公転周期の短い内側の軌道へとらせん状に少しずつ移っていくのである．そし

て，この原因は重力波の放出によるものであることが確認された．アインシュタインの理論にもとづく計算値と観測値は誤差0.5%以内で一致したのである．

そうはいうものの，科学者としては，重力波を実験室の装置で直接検出したいものである．そのような装置の概略を図29に示す．1つのレーザービームを，互いに90°をなす2つのビームに分割するようになっている．真空チューブの中を数kmほど進んだ後，2本のビームは出発点に戻るように反射され，そこで重ね合わされて干渉する．重力波がこの検出器を通過するとき，一方の距離が伸びて他方が縮むことになるのがポイントである．この違いのために2つのビームが重ね合わされるときに乱れが生じるが，これは光検出器で観測することができる．

このような装置は干渉計とよばれている．距離のわずかなずれに対する装置の感度を上げるために，それぞれのビームは100回ほどくり返し往復させられる．この技術によって，たとえば超新星爆発のときに放射される重力波の検出が可能になると期待されている．ただし完全に球対称な超新星爆発は重力波を放射しない．幸いなことに，超新星爆発は完全に球対称に生じるものではないと考えられている．なぜなら，超新星爆発で生涯を終える星は自転しているはずだからである．また，なかには連星系をなしているものもあるだろう．すなわち超新星爆発は実際には非対称であり，パルス状の重力波を放出すると期待される．

問題は，超新星爆発がひんぱんに起きている現象ではない

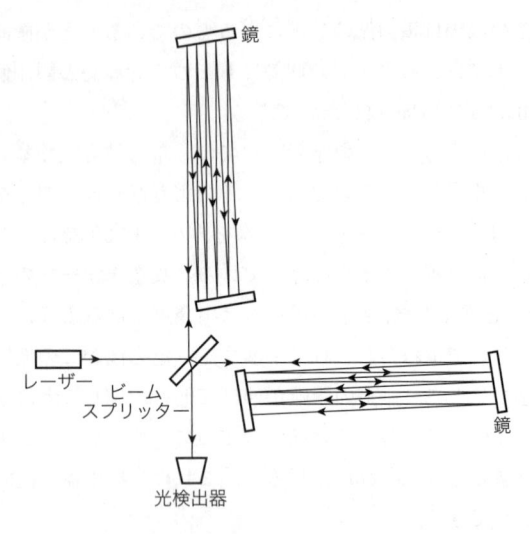

図 29 重力波検出装置のレイアウトを示す概略図.

ことだ．私たちの銀河系においては，平均してだいたい 30 年に 1 回の割合で超新星爆発が起きている．このことは，1 人の天文学者が自らの研究生活すべてを捧げて超新星爆発を待ったとしても，結果的に何も得られない可能性が大いにあることを意味する．この理由から，超新星爆発の探索は付近の銀河にも広げねばならないのである．ただしその一方で，検出したい重力波の信号強度はもちろん弱くなってしまう（信号強度は距離の 2 乗に反比例して減少していく）．ほかの銀河からの微弱な信号を検出できることが，検出器に要求される感度の基準となる．目的はおよそ 10^{-21} の割合での長さの変化を検出することであるが，これは陽子の大きさの千分

の1の変化に匹敵する．現在，この巨大な干渉計は数か所で稼働しており，米国，フランス-イタリア，ドイツ-イギリス，そして日本の研究チームによって運用されている．世界は重力波が観測されたという第一報が届くのを待っている．

さて，未来には何が起きるのだろうか？ じつは，干渉計を宇宙に打ち上げるという計画がすでにある．これには感度の限界を決めている地上の乱雑な攪乱から解放されるだけでなく，レーザービームを往復させる道のりを格段に長くすることができるという利点がある．LISA[*24]プロジェクトは鏡をつけた3つの人工衛星をたがいに500万 kmほど離して配置するという計画である．現在稼働している装置での往復距離が数 kmで，検出できる重力波の周波数がおよそ100ヘルツよりやや上くらいなのに対し，LISAから伸びた腕は100万ヘルツといったずっと高い周波数の検出を可能にする．このことは，次節で紹介するインフレーションとよばれる宇宙進化の最初期段階を研究するうえで興味のある重力波のスペクトルの検出にもつながる可能性がある．本書の執筆段階では，このプロジェクトは予算がつくのを待っている状態である．衛星の打ち上げは早ければ2017年となる．

宇 宙

1917年から，アインシュタインらは一般相対論を宇宙全

（*訳注24）Laser Interferometer Space Antennaの略．宇宙軌道レーザー干渉計型重力波アンテナのこと．

体に応用し始めた．すでに，太陽のように大きな質量をもつ物体は，周囲の時空を曲げて図26のようなへこみをつくることを見てきた．これが太陽の重力によって惑星の運動が支配されることの本質であった．しかし，いままでのところ，宇宙規模のスケールでも時空が曲がるか否かについては検討してこなかった．例えとして，大きなマットレスを考えよう．その上に何人か人が寝転がれば，各人の下にはへこみができる．だが，もしマットレス全体が中央で陥没していたらどうなるだろうか．ベッドに寝転ぶ人たちは中央に向かって落ち込んでいくだろう．一方，ぎゅうぎゅうに詰まったマットレスでも，縁に人がよく座るために縁側のスプリングが弱っているとしたら，全体の曲がり具合から寝転がっている人は互いに離れていく方向に転がっていくだろう．もちろん，基本的に平らな面を保つ（おそらく体にはたいへんよいが，岩のように固くて寝心地の悪い）高価な矯正マットレスを購入するというのが，第3の選択肢というわけである．

時空はこれら3つのうちのどれかのようにふるまうと考えられている．質量の大きな物体が局所的なへこみをつくるだけでなく，**全平均**としての質量やエネルギー密度も全体的な時空の曲がり方を決めるのである．具体的な方程式は複雑すぎるので本書ではあつかわないが，物質の分布が等方的（すべての方向で同じ）かつ一様（密度がどこでも同じ）という特別な場合にだけなんとか答えを出すことができるにすぎない．それでも，この等方的かつ一様な物質分布の場合について大まかに説明しておくことには意義がある．私たちの宇宙が一様かつ等方的という仮定は，**宇宙原理**とよばれている．

しかし,宇宙は実際にこの原理を満たしているのだろうか？一見,宇宙原理は満たされていないように思われる.太陽系は明らかに一様ではないし,太陽系の属している銀河系もまた一様ではない.30ほどの銀河からなる局所銀河群[*25]もやはり一様ではない.銀河の集団はほかにもたくさんあり,なかには数千もの銀河からなるものもある.銀河内の星々や銀河団内の銀河は相対的に動き回っているが,重力によって束縛されたひとつのまとまりを形づくっている.さらに銀河団どうしもゆるく結合して超銀河団を形成している.これらは繊維状の構造をもち,ほとんど物質を含まない巨大なボイド(空洞)を仕切るように広がっている.これらのボイドは径が2億光年ほどもある.したがって,このような大スケールにおいても,宇宙は一様とよぶには程遠いといえる.

　幸いなことに,そのような距離ですら,観測可能な宇宙の大きさ(137億光年)に比べるとほんの一部分にすぎない.したがって,宇宙原理を受け入れてもおかしくはない.

　さて,3次元空間全体の曲がり方には3つの可能性がある.

(i) 空間は平らである.つまり,すべての重力源から離れたところでは,通常のユークリッド幾何学が成り立つ.三角形の内角の和は$180°$であり,半径rの円の円周の長さCは$2\pi r$である.このような空間は無限に広がっていると考えられる.

(ii) 空間は**正の曲率**をもっている.2次元の場合,正の曲率

　(*訳注25) 私たちの銀河系が属する銀河団(群)を局所銀河群とよぶ.

をもった空間の例は球面である（図20）．三角形の内角の和は180°よりも大きくなり，円においては$C < 2\pi r$である．この場合（球面のように）宇宙は大きさが有限で閉じている．このことは，ある方向（たとえば北極から垂直）にロケットで飛び立ち，一定の向きを維持しながら飛び続けると，いつか出発した場所に戻ってくる（南極に到着する）ということを意味する．これは，球面上を大円に沿って這い進むハエが進み始めた地点に戻ってしまうのに似ている．

(iii) 空間は**負の曲率**をもっている．2次元の例としては，あん馬型の曲面が挙げられる（図21）．三角形の内角の和は180°よりも小さくなり，円においては$C > 2\pi r$である．

これらの可能性のなかで，正しいものは明らかだと考える人も多いだろう．「私たちは三角形の内角の和は180°で円周の長さは$C = 2\pi r$であることを**知っている**のだから，空間は平らに決まっているではないか」と．しかし，類推で用いた球面やあん馬面においてさえ，微小な円を考えるならば，これらの曲面は近似的に平らとみなせることを思い出そう．宇宙全体の曲率を考えているのに対し，私たちが扱っているのは空間が平らとみなしてもよい範囲にある，ちっぽけな三角形や円ということなる．ユークリッド幾何学からのずれを議論する場合は，たがいにはるか離れた3つの銀河団がなす三角形といった，きわめて広大なスケールで考えなければならないのである．そのようなスケールで観測してはじめて，

平らな空間からのずれが検出可能になる．

　宇宙の曲率が上の3つのタイプのどれになっているかは，宇宙に含まれる全物質の量による．しかしこの問題に立ち入る前に考慮しておくべき観測結果がほかにもある．すでに注意したように，宇宙原理にもとづくと，あらゆる場所の物質密度は空間全域にわたって等しいと仮定される．しかし，時間が変化しても密度は一定のままというわけではない．1927年にジョルジュ・ルメートルが最初に予言したように，宇宙は膨張しているのである．銀河団らは私たちから遠ざかり続けている．遠くの銀河団ほど速く進んでいる．ある銀河団より2倍遠くにある銀河団は，2倍の速さで動いているのである．このことは，エドウィン・ハッブルが1929年に提唱したハッブルの法則

$$v = H_0 r \tag{14}$$

として表すことができる．ここに v は後退の速さ，r は私たちからの距離，そして H_0 は**ハッブル定数**で，測定によるとだいたい $2 \times 10^{-18} \mathrm{s}^{-1}$ である．

　この後退運動は，遠方の銀河団からくる光の波長が**赤方偏移**とよばれる現象をどれだけ示すか，つまりスペクトルが赤側へどれだけずれているかによって示される．波長が引き伸ばされるわけである．最初のうち，この現象は，遠ざかっていくパトカーの出すサイレンの周波数が低いほうにずれるのに似たドップラー効果によるものと考えられていた．しかし，赤方偏移の現代の解釈は，空間の膨張そのものに由来するというものである．以前にも触れたことだが，銀河団は空間の**中を**運動することによって遠ざかっているのではない．

私たちと銀河団との間の空間そのものが膨張していっているため，それに運ばれるようにして銀河団も遠ざかっているのである．銀河団から私たちに届く光は，出発したときから銀河団の運動によって波長が長くなっているわけではない．通常の波長で出発したものが，私たちに届くまでの間に，空間の膨張につれて引き伸ばされて長い波長となってしまうのである．

　空間が膨張するといっても，あらゆる距離が広がっていっていることを意味するのではないことに注意しよう．もしそうであったなら，私たちは上で述べたような膨張を確かめる手段をもたなかっただろう．原子同士や，太陽系，銀河，そして銀河団といったものをつなぎとめている束縛力は十分強いために，空間の膨張につれて引き伸ばされそうになるのに打ち勝つことができ，それらの大きさが変わることはない．しかし，銀河団の間にはたらく弱い引力はそうではない．そこでは空間が引き伸ばされていく効果がおもなものとなり，銀河団を引き離すように少しずつ移動させていくことになる．

　速度が距離に比例するようなタイプの後退は，過去のある時点ですべてのものが一点に集まっていたと考えられる場合にまさしく生じるものである．それらを吹き飛ばす爆発があったわけである．これは**ビッグバン**とよばれる．今日私たちが観測している後退運動は，この爆発の余波である．現在の銀河団間の距離や移動速度の観測値からこれらの値になるま

でに要した時間を逆算できる．この方法から，ビッグバンが起きたのは137億年前ということが導かれた．

ハッブルの法則は，かなりの遠方までよく成り立っている．しかしながら，もっとも大きなスケールにおいてはずれが生じると考えられている．膨張率が時間によって変化する可能性があるからだ．実際，銀河団はたがいに及ぼし合う重力のために遅くなっていくと予想されている．もし宇宙の平均的な物質やエネルギーの密度が十分に大きいならば，この引力によって銀河団は遅くなり続け，最後には止まってしまうだろう．その後，今度は収縮に転じて銀河団は一点をめがけて再び集まっていき，**ビッグクランチ**に至る．ビッグバンとビッグクランチとの間には有限の期間がある．それだけでなく，そのような高密度の場合には空間は正の曲率をもち，宇宙は境界はないが有限の大きさをもつことになる（2次元の球面のように）．

もちろん，宇宙が膨張していて銀河団の間の距離が増加している場合は，銀河団がたがいに及ぼし合う重力は弱まっていく．もし宇宙の物質密度が小さくて銀河団どうしにはたらく重力が事実上ゼロにまで落ちたときでも銀河団がたがいに離れる運動を続けているならば，膨張は永遠に続くことになる．この場合，空間は負の曲率をもち，宇宙は無限に広がっていることになる．

上の2つの極端な場合の間に，**臨界密度**とよばれる場合がある．これは，銀河団の後退速度が漸近的にゼロに近づくにつれ重力による引力も実質的にゼロに落ちるという場合である．この場合，空間は平らである．宇宙の進化の現段階で

は，臨界密度はおおよそ 10^{-26} kg/m^3 である．これは 1m^3 あたりに水素原子が約 10 個あるときの密度に等しい．

最遠方にある銀河団を観測することによって減速の割合を測定しようとする試みがある．この場合でも赤方偏移の割合を測定することは難しくない．しかし，銀河団までの距離を信頼のおけるレベルで測定することはきわめて困難となる．この理由から減速の度合いを観測によって求めることは長い間実現せず，したがって 3 つの可能なモデルを識別することもできなかったのである．

1998 年になって，銀河団は減速しているどころか加速しているという驚くべき事実を示す最初の結果が得られた．このまったく予期していなかった結果は，いままで知られていなかったタイプの力，すなわち銀河団の間に重力とは逆向きにはたらき，しかも距離が離れているときに作用するという力の存在を示唆するものであった．この力の発生源に関しては後に述べる．

以前に触れたように，空間の全体的な曲率は宇宙の中に含まれている物質量やエネルギーによって変化する．1922 年にロシアの物理学者アレクサンダー・フリードマンと 1927 年にベルギーの物理学者かつ司祭のジョルジュ・ルメートルが，それぞれ独立に空間の曲率とその発生源を結びつける方程式をアインシュタインの理論を用いて導いた．

宇宙の曲率の発生源は基本的に 2 種類ある．1 つ目は，宇宙に含まれる物質の平均的質量もしくはエネルギー密度であ

る．特殊相対論において，$E = mc^2$ という方程式から質量とエネルギーは等価であるという知見が得られたことを思い出そう．物体は，運動しているときの運動エネルギーだけでなく，静止質量に封印された形でのエネルギーももっているのである．しかし，物質だけがエネルギーをもつわけではない．電磁波や重力場もエネルギーをもっているのである．

ここでエネルギーの現れ方の違いについて一言述べておく必要がある．まず，空間の曲率を表す式で，曲率を与える源として第1に現れるのは**エネルギー密度**である．第2は**圧力**とよばれ，銀河団を互いに離れさせるような作用を及ぼす．この調子のそろった運動は外側向きの運動量の流れを生じるが，これはエネルギー密度と同じく空間を曲げるのに寄与する．ここでは，より重要な要素であるエネルギー密度について詳細に考えることにする．

さて，結論はどうなるのだろうか？ エネルギー密度の値は臨界値よりも大きいのだろうか，小さいのだろうか，それとも等しいのだろうか？ 銀河にある観測可能な星の寄与を足し合わせた値は，臨界値の約4%となる．この値によると宇宙の曲率は負で，空間は無限に広がっており，永遠に膨張し続けることが示唆される．しかし結論をあせってはいけない．ほかの銀河系の星々と同様に太陽は銀河系の中心のまわりを回っているが，その周回軌道はそれより内側にあるすべての物質から及ぼされる重力によって定まる．問題は，内側にある星の全質量による重力は，銀河系の中心にあるブラックホールに飲み込まれた星の質量からの寄与を考慮しても，

太陽の周回軌道を支えるだけの引力を及ぼすには足りないということである．そこから導かれる結論は，銀河には星以外の物質が大量に含まれるはずだ，ということである．この観測されていない物質は**ダークマター**とよばれている．ダークマターが何でできているのかはまだわかっていないが，私たちのよく知っている電子，中性子，陽子でできた物質とは異なるタイプのものではないかと考えられている．

次に，銀河は重力によってたがいに束縛し合って銀河団を形成していることに注目しよう．銀河団の中の銀河は，星が銀河の中心のまわりを回るような規則正しい運動をしてはいないが，それでも，ほかの銀河の引力から脱出することなく銀河団の中を動き回っている銀河の速さから，銀河団の全質量を概算することができる．それによって導かれた値は，ダークマターを含めた銀河の質量を銀河団全体で足し合わせたものよりもさらに大きいものであった．このことは銀河と銀河の間にさらなるダークマターが存在することを示唆している．以上をまとめると，観測可能な物質とダークマターを合わせた意味での物質のもつエネルギーを全部足し合わせると臨界密度の約30％になる．

宇宙の全エネルギー密度の目録を仕上げるにあたり，宇宙の膨張が加速しているという最近の発見と，そうなる理由について最後に述べておこう．この加速は，真空にそなわるエネルギー密度に由来するものとされている．

はじめは，何事であろうと「空っぽの空間」のせいにするのはおかしいと思うかもしれない．しかしすでに指摘したように，物理学者の考えでは空っぽの空間は**何もない虚無**では

ない．空間は曲がっていて銀河団を乗せて運びながら膨張しているし，真空からはわずかな時間ではあるが仮想粒子のペアが実在として飛び出している．後者はハイゼンベルクの不確定性原理によって可能となっているが，不確定性原理からの帰結の1つに，一瞬一瞬のエネルギーを正確に測定することはできないというものがある．真空のエネルギーが**正確**にゼロであることを示すことはできないのである．ここから仮想粒子は静止質量をつくり出せるだけのエネルギーを借りてくることによって，短時間ではあるが実在の粒子となることができている．いわば真空は，再び消えてしまうまでの短い時間だけ実在となった粒子でぐつぐつと煮えたぎっているようなものである．この現象はゆらぎによる平均的なエネルギー密度を真空にもたらすが，現在これは**ダークエネルギー**とよばれている．宇宙の全エネルギー密度にはダークエネルギーの寄与も加わることになる．そして，ほかの種類のエネルギーと同様に，この寄与も空間の曲率をさらに増加させることになる．ただし，銀河団の運動への影響の仕方がほかの種類のエネルギーと異なっている．ほかのエネルギーは重力による引力をもたらすのに対し，ダークエネルギーは反発力をもたらす．宇宙の膨張が加速しているのはこの反発力のためである．

1917年にアインシュタイン自身がこの反発力に関連したアイデアを考えていたことは触れておく価値がある．当時の誰もがそうであったように，アインシュタインも宇宙は基本的に静的であると思っていた（当時まだハッブルは宇宙の膨張を発見していなかった）．そのため，重力によって宇宙の

すべての物質が集まろうとするのに抗うためには実質的な反発力が必要だとアインシュタインは考え，彼の方程式にΛで表される**宇宙定数**の項をつけ加えた．彼は後に，これさえなければ宇宙の膨張を予言できたはずだと後悔した（宇宙項を導入しないと，銀河が集まっていくのを避けるには，宇宙は膨張するしかなくなる）．

ダークエネルギーの存在はごく最近になって認められるようになったが，宇宙の未来において主要な役割を果たすように運命づけられている．真空の特性としてのダークエネルギーの密度は，宇宙が膨張しても一定に留まる．物質や放射といったほかの形でのエネルギー密度は膨張に伴って減少していく．初期の宇宙では後者のエネルギー密度が支配的で，膨張のスピードは遅くなっていった．しかし現在では，それらが全エネルギー密度に占める割合はダークエネルギーよりもずっと少なくなっている．その結果，宇宙の膨張速度は，初期の減速から現在観測されているようなダークエネルギーによる加速に転じているのである（図30，宇宙のスケールの指標Rが時間tの関数として描かれている）．この加速は未来も続くと考えられている．

では，全体をまとめておこう．臨界密度に対してさまざまなエネルギー密度が占める割合を，現在もっとも信頼できる数値で表すと次のようになる．

　　　　　　星などの通常の物質　　　0.04 ± 0.004

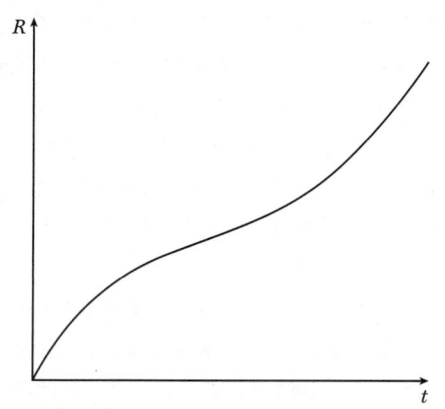

図30 宇宙の大きさを表す変数 R をビッグバンからの経過時間 t に対してプロットしたグラフ.最初は R の増加する割合は遅くなっていくが,これは銀河団どうしが及ぼし合う重力のためである.しかし,しばらくするとダークエネルギーの寄与が支配的になり,R の増加する割合は速くなっていく.

ダークマター	0.27 ± 0.04
ダークエネルギー	0.73 ± 0.04
密度の合計	1.02 ± 0.02

　最終的な結果は臨界値にきわめて近いが,これについては,説明しておく必要がある.ビッグバン直後の密度が臨界値とわずかでも異なっていたならば,その差異は現在までにすさまじく拡大されてしまっていたはずだということを理解してもらいたいのである.たとえば,始まりのときの密度が臨界値にほんの少しだけ足りなかったならば,その後のわずかな時間での膨張は臨界密度で生じる膨張よりも大きくなる.このことは,臨界値よりも少ない量のエネルギーが,臨

界値の場合よりも大きな体積を占めるようになることを意味する．その結果，すでに小さすぎる密度がさらに減少することになる．こうして，密度の減少はどんどんエスカレートしていく．例として現在の密度が臨界値の30%であったとした場合にビッグバンの瞬間から10^{-43}秒後の密度の減少分を逆算すると，それはたったの10^{60}分の1であることが概算で示せるのである．

上記のような考察によって，ダークエネルギーの寄与が発見される前から，すでに現在の密度は臨界値に極めて近いことが知られていた．1981年，アラン・グースはこれについてもっともらしい説明を思いついた[*26]．彼は，ビッグバンのすぐ後に**インフレーション**とよばれる極端に急激な膨張をする時期があったという理論を提唱したのである．10^{-32}秒の間に，宇宙の大きさは10^{30}倍も大きくなった．インフレーション前の曲がり方がどんな値であろうとも，その後は平らに変わってしまう．この事情はふくらました風船に似ている．ふくらまし始める前の風船にしわが寄っていたとしても，十分大きく膨張させた後ならば，表面のどの小部分でも実質的に平らとみなせるだろう．同様に，私たちがビッグバン以来からの光を受けとれる137億光年という観測可能な範囲は，全宇宙からするとちっぽけな一部にすぎない．したがって，観測可能な宇宙は実質的に平坦なのである．

結論すると，一般相対論を満たすようなさまざまな幾何学的空間の中で，私たちの宇宙は平坦な空間ということにな

（*訳注26）同じ1981年に佐藤勝彦も同様の理論を独立に提唱した．

る．ユークリッド幾何学が成り立つのである．しかし，時空としては平坦では**ない**．空間は時間が経つにつれて膨張しているため，時間成分は「曲がっている」と考えられる．この点においては，空間だけでなく時空も平坦と考えられる特殊相対論の時空とは異なっている．

いよいよ最後になった．これまで私たちは，アインシュタインの特殊相対性理論が，自然界のもっとも小さな構成物である素粒子が光速に近い速さで飛びまわるときの運動を理解するのに役立つのをみた．また，一般相対性理論が宇宙全体を理解するための言語と道具になっていることをみた．こうして相対論の全体像をながめてみると，驚くべき偉業としかいいようがない．

参考文献

相対論の歴史的な発展に興味のある読者には，以下の書籍をすすめる．

Jean Eisenstaedt, "The Curious History of Relativity", Princeton University Press, 2006.

Abraham Pais, "Subtle is the Lord", Oxford University Press, 1982（邦訳：金子 務 ほか訳『神は老獪にして…：アインシュタインの人と学問』，産業図書，1987 年）[*27]．

本書と同じくらいのレベルの書籍としては，以下をすすめる．

Albert Einstein, "Relativity", Routledge Classics, 200（邦訳：内山達雄 訳『相対性理論』，岩波文庫，1988）[*28]．

Max Born, "Einstein's Theory of Relativity", Dover, 1962（邦訳：林 一 訳『アインシュタインの相対性理論』，東京図書，1968 年）．

Hermann Bondi, "Relativity and Common Sense", Dover, 1964（邦訳：山内恭彦 訳『相対性理論と常識：そのギャップは埋まった』，河出書房新社，1977 年）．

Domenico Giulini, "Special Relativity: A First Encounter", Oxford University Press, 2005.

Stephen Hawking, "A Briefer History of Time", Bantam, 2005（邦訳：佐藤勝彦 訳『ホーキング，宇宙のすべてを語る』，ランダムハウス講談社，2005 年）．

N. David Mermin, "It's About Time", Princeton University Press, 2003.

Bernard Schutz, "Gravity from the Ground Up", Cambridge University Press, 2003.

John Taylor, "Black Holes", Souvenir Press, 1998.

相対論の数学的な取り扱いに興味のある読者には，以下の書籍をすすめる．

George F. R. Ellis and Ruth M. Williams, "Flat and Curved Space-Times", Oxford University Press, 2000.

W. S. C. Williams, "Introducing Special Relativity", Taylor and Francis, 2002.

Wolfgang Rindler, "Relativity", Oxford University Press, 2006.

Vesselin Petkov, "Relativity and the Nature of Spacetime", Springer, 2004.

一般相対論を完全に理解するには，洗練された数学の数々を習得する必要がある．そのようなレベルの書籍として，以下のものをすすめる．

Richard A. Mould, "Basic Relativity", Springer, 1994.

Robert M. Wald, "General Relativity", University of Chicago Press, 1984.

Hans C. Ohanian and Remo Ruffini, "Gravitation and Spacetime", Norton, 1994.

Ta-Pei Cheng, "Relativity, Gravitation, and Cosmology", Oxford University Press, 2005.

James B. Hartle, "Gravity: An Introduction to Einstein's General Relativity", AddisonWesley, 2005（邦訳：牧野伸義 訳『重力：アインシュタインの一般相対性理論入門』，ピアソン・エデュケーション，2008年）．

反対に，10歳の子どもでもわかる書籍としては，以下をおすすめする．

Russell Stannard, "The Time and Space of Uncle Albert", Faber and Faber, 1989（邦訳：岡田好惠 訳, 平野恵理子 絵『アルバートおじさんの時間と空間の旅』，くもん出版，1996年）．

Russell Stannard, "Black Holes and Uncle Albert", Faber and Faber, 1991（邦訳：岡田好惠 訳, 平野恵理子 絵『アルバートおじさんと恐怖のブラックホール』，くもん出版，1996年）．

また，日本語で入手可能な書籍として，以下のものも訳者からおすすめする．

内山龍雄『相対性理論入門』，岩波新書，1978年．

須藤 靖『ものの大きさ—自然の階層・宇宙の階層（UP Physics）』，東京大学出版会，2006年．

レモ・ルフィーニ 著，佐藤文隆 訳『ブラックホール—一般相対論と星の終末』，ちくま学芸文庫，2009年．

富松 彰『ブラックホールと時空』，共立出版，1985年．縦書きの本ではあるが内容はきわめて深く，一般相対論の数学的な取り扱いを一通り身につけてから読む方が感銘を受けるかもしれない．

砂川重信『相対性理論の考え方（物理の考え方5）』，岩波書店，1993年．相対論の基礎からシュバルツシルト解の導出法までをいちばん簡単に学べる本だと思う．

ポール・ディラック 著, 江沢 洋 訳『一般相対性理論』, ちくま学芸文庫, 2005年.

エリ・ランダウ, イェ・リフシッツ 著, 恒藤敏彦 訳『場の古典論―電気力学, 特殊および一般相対性理論』, 東京図書, 1978年.

英文ではあるが, 以下の書籍もすすめる.

J. B. Hartle, "Gravity: An Introduction to Einstein's General Relativity", Pearson Education, 2002. 相対論を現代的に理解するのに最適である. 是非とも挑戦して欲しい.

(＊訳注27) 単なるアインシュタインの伝記ではなく, 論文の内容や研究過程についても詳細に記した大著である. アインシュタインに関する本書の歴史的な記述部分の妥当性は主に本書にもとづいて検証した.

(＊訳注28) アインシュタインの1905年の論文の翻訳に詳しい解説がついたものである. アインシュタインの原論文に触れる意義は大きい.

訳者あとがき

 本書はオックスフォード大学出版局より刊行されている "A Very Short Introduction" シリーズの一冊で，シリーズ名にふさわしく，特殊相対論と一般相対論を可能なかぎり短くわかりやすく解説することに挑戦した本である．バッサリと枝葉を切り捨ててはいるが，相対論の幹となる部分は手を抜かずにきちんと説明してある．また，簡単な式を用いて，相対論の正しい理解に最低限必要だと思われる数学的な説明を行っている．さらに，相対論から導かれた結論1つひとつに対し，それを裏づける実験事実や観測結果を紹介していることも本書の大きな特徴といえる．本書と比べると，多くの和書では相対論の理論的解説に重点がおかれていて，実験や観測といった相対論の検証に関してはやや扱いが軽いように訳者には感じられる．

 本書の副題である「常識への挑戦」は，原著者のまえがきで引用されているアインシュタインの言葉に由来する．実際，1905年に発表されたアインシュタインの特殊相対論の論文は「同時刻の定義」で始まるが，その中でアインシュタインは，誰もが疑わずにあたり前だと思っていた同時刻の概

念を根本から問い直し，それが当たり前ではなかったことを中学生でもわかるように説明している．そしてアインシュタインは，それまでの時間と空間に関する理解を一変させる理論を展開していくのである．「同時刻の定義」から始まるこのアインシュタインの論文を読んだ当時の物理学者たちの驚きは，計りしれないものがある．

　相対論は，時間と空間に関する考え方に変革をもたらした，人類史上もっとも偉大な知の到達点の1つである．この事実だけでも相対論を学ぶ意義はある．しかし，それと同じ程度に重要なことがもう1つある．それは，この偉大な理論を生み出したアインシュタインの出発点が，誰もが疑っていないことを疑うという，いわば「常識への挑戦」だったという事実を知ることである．常識に挑戦するという態度と意思は，自然科学にだけ必要なのではない．仕事で壁にぶつかったとき，あるいは人生に行き詰まってしまったときは，あたり前のこととして疑ったことのないことを疑ってみることだ．若き日のアインシュタインのように．そうすれば，きっと状況を一変させるようなアイデアに出会えるに違いない．

　翻訳にあたって，丸善出版株式会社の沼澤修平氏に大変お世話になった．心より感謝したい．また，訳文を通読してくれた大学院生の黒川朗君にも合わせて感謝したい．

2013年4月

　　　　　　　　　　　　　　　　　　　　　　新田　英雄

索 引

あ 行
アインシュタイン　3
アインシュタインリング　85
今現在　39
因果関係　25
因果律　25
インフレーション　142
宇宙原理　131
宇宙定数　140
運動エネルギー　50
運動量　43
エディントン　83
エーテル　5
エルゴ領域　116

か 行
回転するブラックホール　116
核分裂　53
核融合　53, 109
仮想粒子　123
カッシーニ　102
活動銀河　119
ガリレオ　3
間隔　37
干渉計　127
慣性系　2
慣性質量　58
慣性の法則　17
究極の速さ　43
曲率　105
距離　37
銀河型ブラックホール　114
銀河団　122
近日点　99
空間　6
空間的　38
クェーサー　85, 120
原子核　52
原子時計　71
高エネルギー物理学　56
光円錐　31, 38
恒星型ブラックホール　114

さ 行
固有時　96
三角形の内角の和　90
ジェット　126
時間　6
時間的　38
時間の遅れ　7, 10
時空図　27
事象　35
事象の地平面　112
自然な軌道　95
自由落下　58
重力質量　58
重力青方偏移　69
重力赤方偏移　69
重力波　125
重力波と干渉計　127
重力レンズ　84
シュバルツシルト　106

シュバルツシルト半径　112
真空　139
振動数　65
静止質量　47
青方偏移　69
世界線　31
赤色巨星　109
赤方偏移　69, 134
絶対的過去　31
絶対的未来　31, 38
CERN　4, 49
相対性原理　3
測地線　95, 97
素粒子物理学　56

た 行
タキオン　46
ダークエネルギー　139
ダークマター　138
中性子星　71, 110
超巨大質量ブラックホール　119
超新星爆発　110
潮汐力　114
強い等価原理　62
定常性限界面　116
等価原理　57
同時性　22
同時性の破れ　22
特異点　111
特殊相対性理論　6
ドップラー効果　66, 78

な・は 行
長さの収縮　18, 19
ニュートリノ　110
ニュートン　2
パイ中間子　56
白色矮星　70, 110
ハッブル定数　133
ハッブルの法則　133
パルサー　101
反粒子　123
非因果的領域　31, 38
光の速さ　3
光の湾曲　81
ピタゴラスの定理　10
ビッグクランチ　135
ビッグバン　135
双子のパラドックス　13, 15, 74, 96
ブラックホール　103, 109, 110
ブロック宇宙　40
ホーキング放射　124
ホワイトホール　121

ま・や 行
マイクロレンズ効果　85
マイケルソン-モーレーの実験　5
曲がった空間　86, 88
曲がった時空　95
ミニブラックホール　120
ミュー粒子　13, 56
ミンコフスキー　34
無重量　60
ユークリッド幾何学　92
4次元時空　32
弱い等価原理　62

ら・わ 行
粒子加速器　49
若返り　12
ワームホール　121

原著者紹介
Russell Stannard（ラッセル・スタナード）
オープン大学名誉教授．高エネルギー物理学が専門．ブラッグメダルなど栄誉ある数々の物理学の賞を受賞．その一方で，子ども向けから大人向けまで科学の啓蒙書の執筆多数．

訳者紹介
新田 英雄（にった・ひでお）
東京学芸大学教育学部教授．理学博士．専門は，理論物理学および物理教育．おもな著書として，『物理と特殊関数』（共立出版），『Excelで学ぶやさしい量子力学』（オーム社），『マンガでわかる物理［力学編］』（オーム社）などがある．

サイエンス・パレット 001
相対性理論 —— 常識への挑戦

平成 25 年 5 月 30 日　発　行

訳　者　　　新　田　英　雄

発行者　　　池　田　和　博

発行所　　　丸善出版株式会社

〒101-0051　東京都千代田区神田神保町二丁目17番
編 集：電 話(03)3512-3265／FAX(03)3512-3272
営 業：電 話(03)3512-3256／FAX(03)3512-3270
http://pub.maruzen.co.jp/

© Hideo Nitta, 2013

組版印刷・製本／大日本印刷株式会社

ISBN 978-4-621-08665-0 C0342　　　　　Printed in Japan

本書の無断複写は著作権法上での例外を除き禁じられています．